Margot Kempkes

Maschinen-schreiben am PC

Wort- und Fließtextübungen
für das Zehnfingersystem

Die normgerechte Gestaltung von
Briefen nach DIN 5008 Neu

Für Schule, Kurse und
Selbstunterricht

Bassermann

Inhalt

Erarbeitung des Tastenfeldes nach DIN 2137

Formgestaltung nach DIN 5008 Neu

Erarbeitung des Tastenfeldes nach DIN 2137

Einleitung zum ersten Teil

Maschinenschreiben ist genauso leicht oder schwer zu erlernen wie vieles andere auch. Sie sollten Folgendes allerdings besonders beachten:

● Es ist sehr wichtig, wie Sie sitzen!
Wenn Sie nicht richtig sitzen, ermüden Ihre Arme und Hände und Ihr Rücken tut weh. Nach längerem Schreiben können Sie gelegentlich Gymnastikübungen zur Lockerung der Finger machen (siehe Seite 7).

● Es ist sehr wichtig, wie Sie schreiben!
Die Grundstellung (siehe Seite 8) ist Voraussetzung für das blinde „Tastschreiben". Wenn Sie möglicherweise im „Zweifingersystem" zu schreiben versuchen, pendeln Sie zwangsläufig mit den Augen zwischen Textvorlage, geschriebenem Text und Tastenfeld hin und her. Damit schreiben Sie niemals ruhig und sicher und schon gar nicht schnell. Gewöhnen Sie sich also gleich von Anfang an daran, nicht auf die Tasten oder das Geschriebene zu sehen.

● Es ist sehr wichtig, im Takt zu schreiben!
Sprechen Sie immer den einzelnen Buchstaben und das Wort „leer" für eine Leertaste, dann haben Sie das richtige „Anfangstempo".

● Wichtige Funktionssymbole
Die Kennzeichnung der Funktionstasten der Schreibmaschine mit Symbolen ist genormt (DIN 2130). Die folgende Übersicht zeigt und erläutert nur die wichtigsten dieser Funktionssymbole.
Der erste Teil dieses Buches ist so aufgebaut, dass jeweils auf der linken Seite die Erarbeitung der Griffe erfolgt. Auf der rechten Seite finden Sie die entsprechende Weiterführung mit Griff-, Wort- und Satzübungen. Zusätzliche Tipps und Lernhilfen sorgen dafür, dass Sie auch nach längerem Schreiben noch „topfit" sind. Bei umfangreichen Texten sind die Anschläge pro Zeile am Seitenrand angegeben. Dabei ist zu beachten, dass Leerschritte mitgezählt werden und alle Buchstaben mit Betätigung der Umschalttaste (z. B. Großbuchstaben, Anführungszeichen) doppelt zählen.

Viel Erfolg und Spaß beim Schreiben!

Funktionstasten der Schreibmaschine nach DIN 2130

Randstelltaste
für Anfangs- und Endrandstellung

Randlöser
für einmaliges Überschreiben des eingestellten Randes

Rückführtaste mit Zeilenschritt

Rücktaste
für Rückführung des Wagens oder Typenträgers

Halbschritttaste
zum Einfügen vergessener Schriftzeichen

R-Taste Dauerfunktion
(Repetition) für ES und EON

Korrekturtaste
zum Löschen von Schriftzeichen (bei EON)

Tabuliertaste
zum Ansteuern der eingestellten Tab-Stopps

Tabulatorsetzer
zum Setzen der einzelnen Tab-Stopps

Tabulaturlöscher
zum Löschen gesetzter Tab-Stopps

Halbzeilenschaltung vorwärts
für Hochstellung von Schriftzeichen

Halbzeilenschaltung rückwärts
für Tiefstellung von Schriftzeichen

Das Tastenfeld der Schreibmaschine
Schriftzeichenbelegung nach DIN 2137 (Tastatur 102 A)

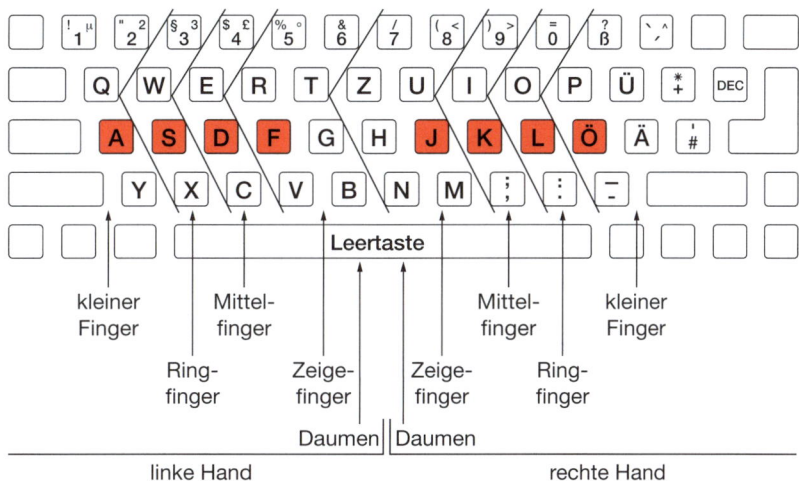

Genormte Computertastatur mit mehreren Tastaturblöcken
(sog. MF-II-Tastatur, Multifunktionstastatur)

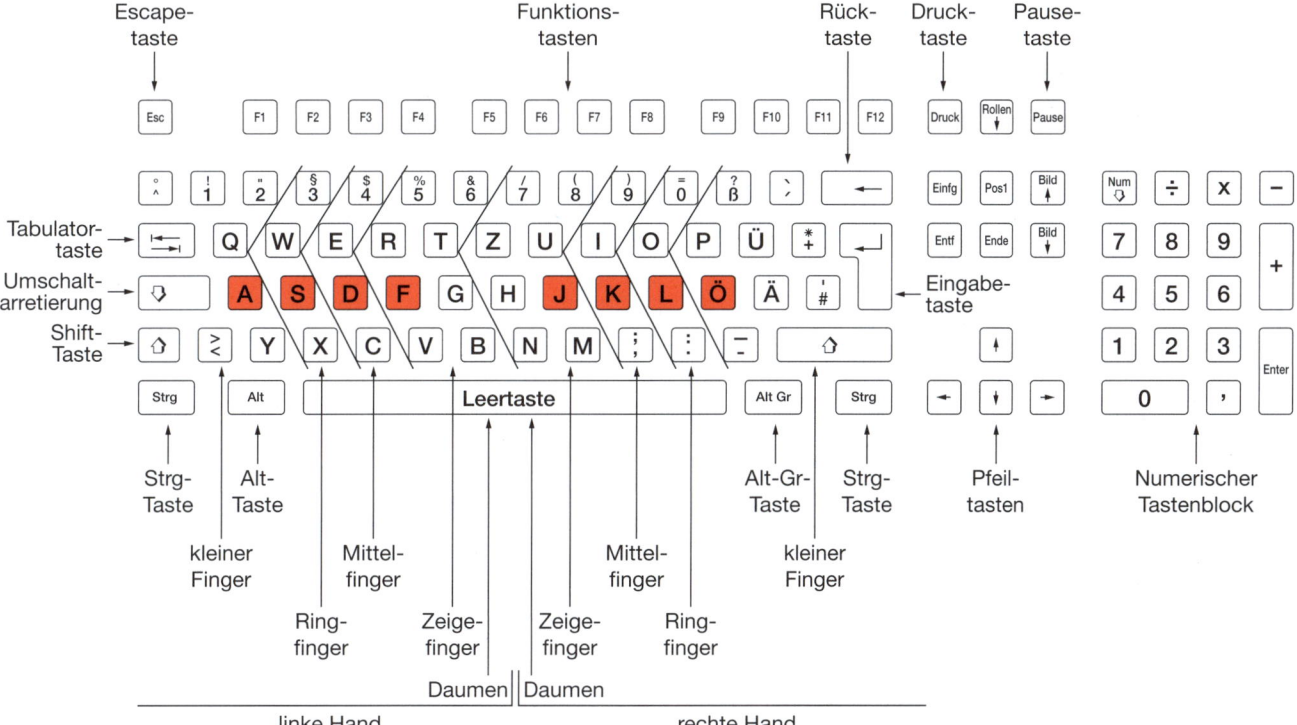

In der Schweiz gebräuchliche Tastaturen

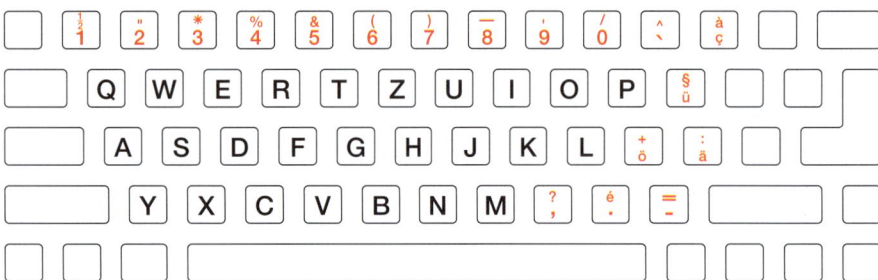

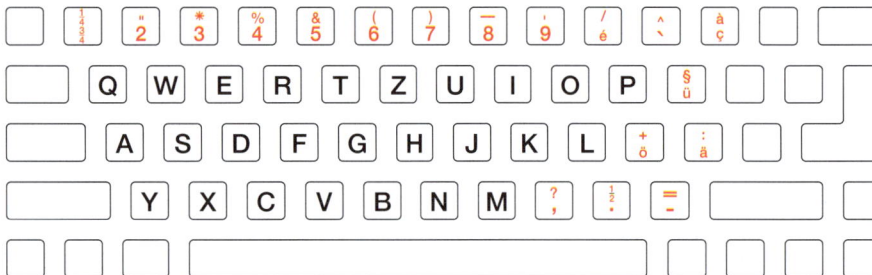

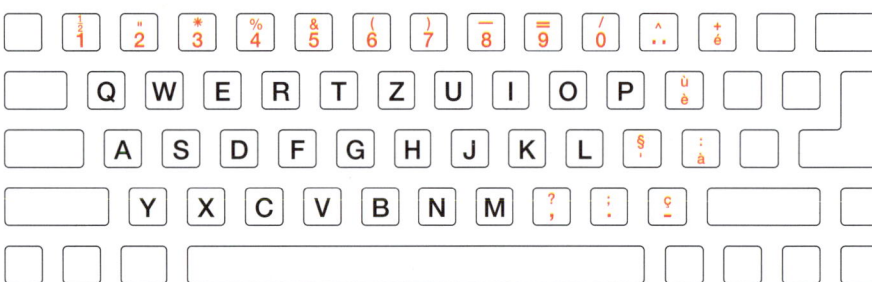

Gymnastikübungen zur Lockerung der Finger

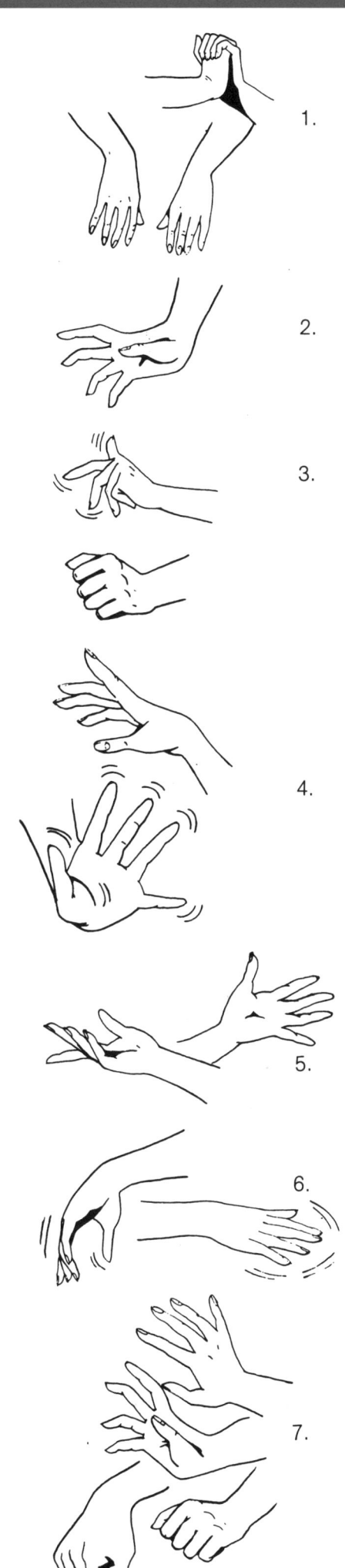

1. Falten Sie beide Hände fest ineinander, lassen Sie sie wieder los und schütteln Sie die Hände kräftig aus.

2. Bewegen Sie den gestreckten Finger in der Luft oder auf einem Tisch so, als ob Sie Klavier spielen würden.

3. Spreizen Sie jeden einzelnen Finger der Hand und nehmen Sie ihn dann in die Handfläche herein, bis Sie zum Schluss eine Faust gebildet haben. Sie beginnen diese Übung mit dem kleinen Finger.

4. Bewegen Sie jeden gespreizten Finger einzeln, und zwar zuerst vor und zurück und dann seitlich hin und her.

5. Drehen Sie die gestreckte Hand kreisförmig, erst nach rechts und dann nach links.

6. Winken Sie abwechselnd mit jeder Hand zuerst vor und zurück, dann seitlich hin und her.

7. Schließen Sie beide Hände gleichzeitig zur Faust. Öffnen und schließen Sie die Hände einige Male schnell hintereinander.

Lektion 1:
Grundstellung

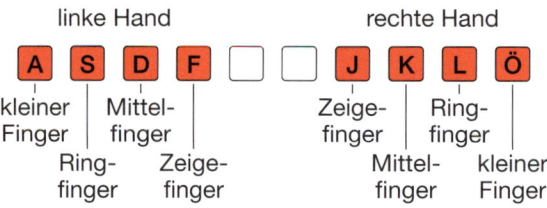

Tipp: Sprechen Sie (nur zu Hause) laut und deutlich jeden
Buchstaben und auch das Leerzeichen mit.

<u>Erarbeitung der Grundstellung</u>

```
 1   ffff jjjj ffff jjjj ffff jjjj ffff jjjj ffff jjjj ffff jjjj
 2   ffjj ffjj ffjj ffjj ffjj ffjj fjfj fjfj fjfj fjfj fjfj fjfj

 3   dddd kkkk dddd kkkk dddd kkkk dddd kkkk dddd kkkk dddd kkkk
 4   ddkk ddkk ddkk ddkk ddkk ddkk ddkk ddkk ddkk ddkk ddkk ddkk

 5   ssss llll ssss llll ssss llll ssss llll ssss llll ssss llll
 6   ssll ssll ssll ssll ssll ssll slsl slsl slsl slsl slsl slsl

 7   aaaa öööö aaaa öööö aaaa öööö aaaa öööö aaaa öööö aaaa öööö
 8   aaöö aaöö aaöö aaöö aaöö aaöö aöaö aöaö aöaö aöaö aöaö aöaö

 9   asdf jklö asdf jklö asdf jklö asdf jklö asdf jklö asdf jklö
10   fdsa ölkj fdsa ölkj fdsa ölkj fdsa ölkj fdsa ölkj fdsa ölkj

11   afa aja afa aja ada aka ada aka asa ala asa ala aöa aöa asd
12   öjö öfö öjö öfö ökö ödö ökö ödö ölö ösö ölö ösö öal ösk ölk

13   öl ja öl ja öl ja öl öd da öd da öd da sö la sö la sö la sö
14   lö aj lö aj lö aj lö dö ad dö ad dö ad ös al ös al ös al ös
```

<u>Festigung durch Wortübungen</u>

```
15   all als all als all als all als all als all als all als all
16   das las das las das las das las das las das las das las das

17   das das das las las las als als als das las als das las als
18   las las las als als als das das das als las das als das las

19   da all das las da all das las da all das da all das als las
20   da all das las da all das las da all das da all das als las

21   ja lös das ja lös das ja lös das ja lös das ja lös da ja da
22   ja lös das ja lös das ja lös das ja lös das ja lös da ja da

23   da ja öd fad da ja öd fad da ja öd fad da ja öd fad das las
24   da ja öd fad da ja öd fad da ja öd fad da ja öd fad das las

25   da ja öd da ja öd das lös fad das lös fad da ja öd da ja da
26   das las lös das las lös als das fad als das fad da öl da ja
```

Keyboard diagram

Tipp: Schreiben Sie immer von Ihrer Vorlage ab. Sehen Sie
nicht auf das, was Sie geschrieben haben.

Schreibsicherheit durch Griffübungen

```
27  asdf jklö asdf jklö asdf jklö asdf jklö asdf jklö asdf jklö
28  jklö asdf jklö asdf jklö asdf jklö asdf jklö asdf jklö asdf

29  ölkj fdsa ölkj fdsa ölkj fdsa ölkj fdsa ölkj fdsa ölkj fdsa
30  fdsa ölkj fdsa ölkj fdsa ölkj fdsa ölkj fdsa ölkj fdsa ölkj

31  asdfjklö asdfjklö asdfjklö asdfjklö asdfjklö asdfjklö asdfj
32  jklöasdf jklöasdf jklöasdf jklöasdf jklöasdf jklöasdf jklöa

33  jfkdlsöa jfkdlsöa jfkdlsöa jfkdlsöa jfkdlsöa jfkdlsöa jfkdl
34  öalskdjf öalskdjf öalskdjf öalskdjf öalskdjf öalskdjf öalsk

35  afa aja ada aka asa ala aöa afa aja ada aka asa ala aöa afa
36  öjö öfö ölö ösö ökö ödö öjö öfö ölö ösö ökö ödö öja öfa öka

37  aöaöjö ajaöfö adaölö akaösö asaökö alaödö aöaöjö afaöfö aöj
38  öföafa öjöaöa ödöala ököasa ösöaka ölöada öföaja aöfjaö kfj

39  sla sal sad sla sal sad sla sla sal sad sla sal sad sla sll
40  als las das als las das als las das als las das als las das

41  sad söl aj sad lla ad aj lö sad söl aj sad lla ad aj lö aja
42  das lös ja das all da ja öl das lös ja das all da ja öl das
```

Lernkontrolle durch Wortübungen

```
43  ja das las ja das lös ja das las ja das lös ja das las da j
44  ja das las ja das lös ja das las ja das lös ja das las ja a

45  das lös ja all das lös ja all das lös ja all das lös da das
46  das lös ja all das lös ja all das lös ja all das lös da all

47  ja das fad ja das fad ja das fad ja das fad ja das fad da s
49  ja das fad ja das fad ja das fad ja das fad ja das fad ja f

49  das las als all lös fad öd öl da ja das las als all ja da s
50  das las als all lös fad öd öl da ja das las als all ja da l
```

Merkregel: Schreiben Sie nach jeder Übung die falsch
geschriebenen Wörter jeweils eine Zeile lang,
damit Sie sie dann fehlerfrei schreiben können.

Griffe e und i

Tipp: Halten Sie Ihre Handgelenke waagerecht, legen Sie
sie auf gar keinen Fall auf dem Maschinenrahmen auf.

Erarbeitung der Griffe e und i

```
 1  dede kiki dede kiki dede kiki dede kiki dede kiki dede kiki
 2  deki kide deki kide deki kide deki kide deki kide deki kide

 3  dedf kikj deds kikl deda kikö dedf kikj deds kikl deda kikö
 4  didf kekj dids kekl dida kekö didf kekj dids kekl dida kekö

 5  deed kiik deed kiik deed kiik deed kiik deed kiik deed kiik
 6  dedi kike dedi kike dedi kike dedi kike dedi kike dedi kike

 7  dedkik dedkik dedkik dedkik dedkik dedkik dedkik dedkik ded
 8  jedfik jedfik jedfik jedfik jedfik jedfik jedfik jedfik dfi

 9  ella esöl esel edal lede ellaf ella esöl esel edal lede ell
10  alle löse lese lade edel falle alle löse lese lade edel all

11  esöl sella edal sella esel sella edö sella elde lla sad lla
12  löse alles lade alles lese alles öde alles edle all das all
```

Festigung durch Wortübungen

```
13  lies dies leise dies sei leise lies dies leise dieses leide
14  lies dies leise dies sei leise lies dies leise dieses leide

15  eile leise dieses alles sie lese dieses alles leise sei die
16  eile leise dieses alles sie lese dieses alles leise sei die

17  fade öde löse alle falle lasse fade öde löse alle falle sie
18  fade öde löse alle falle lasse fade öde löse alle falle sie

19  dies sei lila fasse das alles löse dies alles dieses sei da
20  alles eile jedes lies leise alles eile jedes lies leise all

21  sei edel das sei edel diese sei edel dieses sei edel sei da
22  seid leise dies sei ideal sie lief leise sie fiel leise die
```

Merkregel: Erst wenn Sie jeden Buchstaben sicher greifen
können, dürfen Sie zur nächsten Übung übergehen.

Die Pfeile zeigen an, mit welchem Finger der neu zu erlernende Buchstabe angeschlagen wird (jeweils ausgehend von der Grundstellung); das E also beispielsweise mit dem Mittelfinger der linken Hand. (Vgl. dazu auch S. 5).

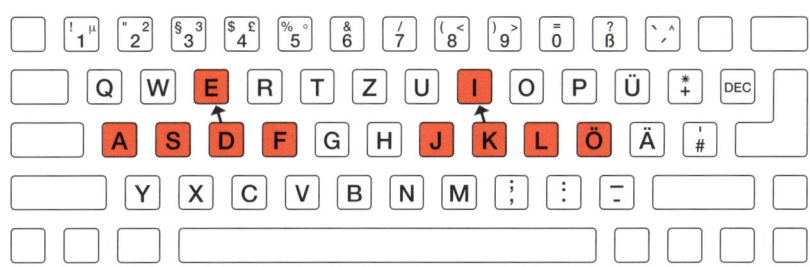

Tipp: Prägen Sie sich den Bewegungsablauf der Finger beider Hände genau ein.

Schreibsicherheit durch Griffübungen

```
23  fdsajklö fdsajklö fdsajklö fdsajklö fdsajklö fdsajklö fdsaj
24  ölkjasdf ölkjasdf ölkjasdf ölkjasdf ölkjasdf ölkjasdf ölkja

25  asdedfölkikj asdedfölkikj asdedfölkikj asdedfölkikj asdedfö
26  jkikölfdedsa jkikölfdedsa jkikölfdedsa jkikölfdedsa jkikölf

27  adedf ökikj adedf ökikj adedf ökikj adedf ökikj adedf ökikj
28  jaded fökik jaded fökik jaded fökik jaded fökik jaded fökik

29  jiklö fedsa jiklö fedsa jiklö fedsa jiklö fedsa jiklö fedsa
30  ölijk asefd ölijk asefd ölijk asefd ölijk asefd ölijk asefd
```

Lernkontrolle durch Wortübungen

```
31  seid seid esiel sella ellaf esiel seseid edö alil lede dies
32  lies dies leise alles falle leise dieses öde lila edel seid

33  elie esiel seseid sella eis esel seseid sella esiel eis ies
34  eile leise dieses alles sie lese dieses alles leise sie sei

35  edeis ellaf ella esöl edö edaf essal ellaf ella esöl edö ed
36  siede falle alle löse öde fade lasse falle alle löse öde fa

37  seid dies eile seid dies eile seid dies eile seid dieses ei
38  seid dies eile seid dies eile seid dies eile seid dieses ei

39  es sei dies alles leise es sei dies alles leise es sei dies
40  es sei dies alles leise es sei dies alles leise es sei dies

41  fiel feil fidele feil fiel lief fiel feil fidele feile fiel
42  fiel feil fidele feil fiel lief fiel feil fidele feile fiel

43  sei sie sei die eid die eid alle alles alle alles diese die
44  sei sie sei die eid die eid alle alles alle alles diese die

45  fiel fiel fiel feil feil feil fiel fiel fiel feil feil feil
46  lief lief lief eile eile eile lief lief lief eile eile eile
```

Merkregel: Sicherheit geht vor Geschwindigkeit.
Nach jedem Abschnitt ist eine Fehlerkontrolle unerlässlich.

Lektion 3:
Umschalter

Merkregel: Großbuchstaben der rechten bzw. linken Seite
der Tastatur erhalten Sie, wenn Sie den linken
bzw. rechten Umschalter abdrücken. Der Umschalter
ist stets mit dem kleinen Finger zu bedienen.

Der Schreibrhythmus ist hier besonders wichtig;
jeder Großbuchstabe hat drei Anschlagzeiten.
1. **Umschalter abdrücken**
2. **Buchstaben anschlagen**
3. **Umschalter loslassen**

Erarbeitung der beiden Umschalter
Jede Zeile 5-mal fehlerfrei und rhythmisch schreiben.

```
 1  öÖö öÖö aAa aAa lLl lLl sSs sSs kKk kKk dDd dDd jJj jJj fFf F
 2  öÖö öÖö aAa aAa lLl lLl sSs sSs kKk kKk dDd dDd jJj jJj fFf F

 3  Ja Ja Fö Fö Ka Ka Dö Dö La La Sö Sö Öa Öa Aö Aö Ja Fö Ka Dö L
 4  Ja Ja Fö Fö Ka Ka Dö Dö La La Sö Sö Öa Öa Aö Aö Ja Fö Ka Dö L

 5  öJ aJ aF öF öK aK aD öD öL aL aS öS öA aÖ sA lö kA dö jA fö a
 6  öJ aJ aF öF öK aK aD öD öL aL aS öS öA aÖ sA lö kA dö jA fö a

 7  Jaf Föj Jad Fök Jas Föl Jaa Föö Jaö Föa Jal Fös Jak Föd Ja Fö
 8  Jaf Föj Jad Fök Jas Föl Jaa Föö Jaö Föa Jal Fös Jak Föd Ja Fö

 9  öF aJ döF kaJ söF laJ aöF öaJ ööF aaJ löF saJ köF daJ jöF faJ
10  öF aJ döF kaJ söF laJ aöF öaJ ööF aaJ löF saJ köF daJ jöF faJ
```

Festigung durch Wortübungen

```
11  Aal Aal Aal Aas Aas Aas Aal Aas Aal Aas Aal Aas Aal Aas Aal A
12  Aal Aal Aal Aas Aas Aas Aal Aas Aal Aas Aal Aas Aal Aas Aal A

13  Öle Öle Öle Öde Öde Öde Öle Öde Öle Öde Öle Öde Öle Öde Öle Ö
14  Öle Öle Öle Öde Öde Öde Öle Öde Öle Öde Öle Öde Öle Öde Öle Ö

15  Eile Seide Seile Eile Seide Seile Eile Seide Seile Eile Seide
16  Eile Seide Seile Eile Seide Seile Eile Seide Seile Eile Seide

17  die Seide die Eile die Seide die Eile die Seide die Eile Aale
18  die Seide die Eile die Seide die Eile die Seide die Eile Aale

19  die Öle die Aale die Öle die Aale die Öle die Aale die Öle Öl
20  die Öle die Aale die Öle die Aale die Öle die Aale die Öle Öl
```

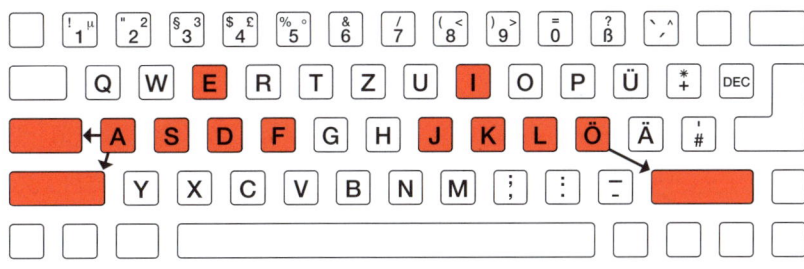

Tipp: Achten Sie bei der Großschreibung auf eine saubere Bedienung der Umschalttasten.

Sprechen Sie die Tastwege der Buchstaben ruhig mit, auch die Leerzeichen.

Beachten Sie bitte: Interpunktionszeichen werden bis auf Weiteres durch Leerzeichen ersetzt.

Schreibsicherheit durch Wortgruppen

```
21  diese Seide    alle Keile    des Eides    diese Löffel    diese Seele
22  diese Seide    alle Keile    des Eides    diese Löffel    diese Seele

23  diese fidele Liesel   dieses ideale Lied   Liesa lies das leise
24  diese fidele Liesel   dieses ideale Lied   Liesa lies das leise

25  die Seide dieses Kleides    diese Seide des Kleides    ideales Ei
26  die Seide dieses Kleides    diese Seide des Kleides    ideales Ei

27  diese ideale Kasse   dieses ideale Kleid   diese Diele    das Eis
28  diese ideale Kasse   dieses ideale Kleid   diese Diele    das Eis

29  diese leise Kasse   diese Eisdiele   diese Eislöffel   die Seele
30  diese leise Kasse   diese Eisdiele   diese Eislöffel   die Seele
```

Lernkontrolle durch Satzübungen

```
31  Fasse die Seide dieses Kleides   Fasse diese Seide des Kleides
32  Fasse die Seide dieses Kleides   Fasse diese Seide des Kleides

33  Liesel löse leise diese Kaffeelöffel   Ja alles ideale Löffel
34  Liesel löse leise diese Kaffeelöffel   Ja alles ideale Löffel

35  Liesel lies leise dieses Lied   Dieses Lied lies leise Liesel
36  Liesel lies leise dieses Lied   Dieses Lied lies leise Liesel

37  Liesel fasse diese Eislöffel   Ja Liesel fasse alle Eislöffel
38  Liesel fasse diese Eislöffel   Ja Liesel fasse alle Eislöffel
```

Tipp: Sitzen Sie beim Schreiben gerade und entspannt. Beide Füße stehen fest auf dem Boden, nur so beugen Sie den gefährlichen Wirbelsäulenschäden vor.

A S D F→G H←J K L Ö

Griffe g und h

Tipp: Schreiben Sie möglichst im Takt und schauen Sie
beim Schreiben nur auf Ihre Vorlage, nicht auf die
Tastatur und auch nicht auf das Schreibblatt.

Erarbeitung der Griffe g und h

1 asdfgfölkjhj asdfgfölkjhj asdfgfölkjhj asdfgfölkjh asdfgfölkj
2 ölkjhjasdfgf ölkjhjasdfgf ölkjhjasdfgf ölkjhjasdfg ölkjhasdfg

3 fgf jhj gfd hjk gfs hjl gfa hjö fgf jhj gfd hjk gfs hjl gfa h
4 öhj agf öhk agd öhl ags öhj agf öhk agd öhl ags öhj agf öhk g

5 hHj gGf hHj gGf Hjh Gfg Hjh gFg Hkl Gds Hlö Gsa Hil Ges HH GG
6 Heg Geh Hag Gih Hie Gei Hei Gie Hid Gid Hel Gel Hal Göl Halle

Festigung durch Wortübungen

7 Jagd Jagd Jagd Jagd Jagd Jagd Jagd Jagd Jagd Jagd Jagd Jagd J
8 Lage Lage Lage Lage Lage Lage Lage Lage Lage Lage Lage Lage L

9 Jagd Lage Jagd Lage Jagd Lage Jagd Lage Jagd Lage Jagd Lage J
10 Sage Lage Jagd Sage Lage Jagd Sage Lage Jagd Sage Lage Jagd S

11 half Haag sage Sieg sehe Glas gehe Gala sieh Sieg lies Affe H
12 sage Agfa half Jagd hege Haff lies Hall gehe Hase sehe Hefe S

Festigung durch Wendungen

13 das Jagdglas   die Lage des Jagdglases   die Lage dieses Glases
14 das Jagdglas   die Lage des Jagdglases   die Lage dieses Glases

15 die eisige See   die eilige Hilfe   die öde Höhle   die Eisdiele
16 die eisige See   die eilige Hilfe   die öde Höhle   die Eisdiele

17 die Lage des Haffes   hege diese Aale   diese heilige Halle   Öl
18 die Lage des Haffes   hege diese Aale   diese heilige Halle   Öl

Lernkontrolle durch Satzübungen

19 Aha   da lag ja das Jagdglas   Gisela sah die eisige öde Höhle
20 Aha   da lag ja das Jagdglas   Gisela sah die eisige öde Höhle

21 Als Adelheid diese eisige See sah   da half sie eilig Gisela
22 Als Adelheid diese eisige See sah   da half sie eilig Gisela

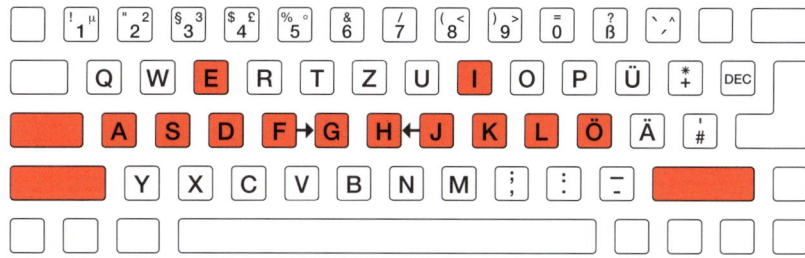

Tipp: Wechseln Sie auch mit Ihrer Schreibvorlage von der
rechten auf die linke Seite oder umgekehrt, damit
Sie von beiden Seiten abschreiben können.

Sicherheit durch Griffwiederholung = Fingergymnastik

```
23   jhiikihh jhiikihh jhiikihh jhiikihh jhiikihh jhiikihh jhiikik
24   fgeedegg fgeedegg fgeedegg fgeedegg fgeedegg fgeedegg fgeedeg

25   öikk aedd öikk aedd öikk aedd öikk aedd öikk aedd öikk aedd ö
26   likk sedd likk sedd likk sedd likk sedd likk sedd likk sedd l

27   kikk dedd kikk dedd kikk dedd kikk dedd kikk dedd kikk dedd k
28   jikk fedd jikk fedd jikk fedd jikk fedd jikk fedd jikk fedd j

29   aikö öeda aikö öeda aikö öeda aikö öeda aikö öeda aikö öeda a
30   sikö leda sikö leda sikö leda sikö leda sikö leda sikö leda s

31   dikö keda dikö keda dikö keda dikö keda dikö keda dikö keda d
32   fikö jeda fikö jeda fikö jeda fikö jeda fikö jeda fikö jeda f
```

Tipp: Sehen Sie bewusst jeden Buchstaben genau an!

```
33   öikklikkkikkjikkaikösiködiköfikö aeddsedddeddfeddöedaledakeda
34   ehesegalesahekieh ehesegalesahekie ehesegalesahekie ehesegale

35   sadeleidellehhaseiSffaHsadegaL elhöHedöseidflahseeföHeidegalK
36   ellaHegiliehsessaHsedelaAeseid giliealesiGeisflahadhaseeSella
```

Tipp: Schreiben Sie einmal die Zeilen 35 und 36 von rechts
nach links von der Vorlage ab und versuchen Sie
dabei Wörter zu finden.

Lernkontrolle durch Wortübungen

```
37   alle See sah das half sie Gisela eilige diese Aale des Hasses
38   Klage die Höfe es half diese öde Höhle Lage dies Haff Sie sah

39   sehe Halle sage Heike helle Höfe öde Höhle die Heide die Haie
40   sehe Halle sage Heike helle Höfe öde Höhle die Heide die Haie

41   gedeihe Klage heikel Heilige fehle Felge eilig Lage lege Igel
42   gedeihe Klage heikel Heilige fehle Felge eilig Lage lege Igel
```

Griffe c, Komma und Semikolon

Tipp: Vergessen Sie bitte nicht, nach jeder zweiten
Zeile 2-mal zu schalten.

Einschreibübung

1 asedsa ölkilö asedsa ölkilö asedsa ölkilö asedsa ölkilö kikik
2 asedsa ölkilö asedsa ölkilö asedsa ölkilö asedsa ölkilö kikik

3 AsEdSa ÖlKiLö AsEdSa ÖlKiLö AsEdSa ÖlKiLö AsEdSa ÖlKiLö AsEdS
4 JkIkLö FdEdSa JkIkLö FdEdSa JkIkLö FdEdSa JkIkLö FdEdSa JkIkL

5 sage siege liege geige lasse diese jedes alles da sie lieh es
6 sage siege liege geige lasse diese jedes alles da sie lieh es

Erarbeitung der Griffe c, Komma und Semikolon

7 dedcd kik,k dedcd kik,k dedcd kik,k dedcd kik,k dedcd kik,k c
8 fdcdf jk,kj fdcdf jk,kj fdcdf jk,kj fdcdf jk,kj fdcdf jk,kj ,

9 jk;ölkj fdcasdf jk;ölkj fdcasdf jk;ölkj fdcasdf jk;ölkj fdcas
10 jk;ölkj fdcasdf jk;ölkj fdcasdf jk;ölkj fdcasdf jk;ölkj fdcas

Merkregel: Nach jedem Satzzeichen folgt ein Leerzeichen.

11 ach, ich, dich, sich, schlage, Celle, Chef, Dach, Fach, Sache
12 ach, ich, dich, sich, schlage, Celle, Chef, Dach, Fach, Sache

13 lache, lege, leise, leihe, Leiche, Lacke, Jacke, Hacke, Hecke
14 lache, lege, leise, leihe, Leiche, Lacke, Jacke, Hacke, Hecke

Festigung durch Wendungen

15 lache leise, diese Sache, dieses Fach, dieses Dach, die Cella
16 lache leise, diese Sache, dieses Fach, dieses Dach, die Cella

17 die Fische, ach alle, lese diese Sache leise, dieses Cedille;
18 die Fische, ach alle, lese diese Sache leise, dieses Cedille;

19 löse das Dach, leihe die Sache, lache Chef, ach diese Deiche;
20 löse das Dach, leihe die Sache, lache Chef, ach diese Deiche;

21 die Eiche, die Leiche, die Fische, die Fischlaiche, Schleife;
22 die Eiche, die Leiche, die Fische, die Fischlaiche, Schleife;

Merkregel: Nur der „Schreibfinger" bewegt sich vom Fleck.

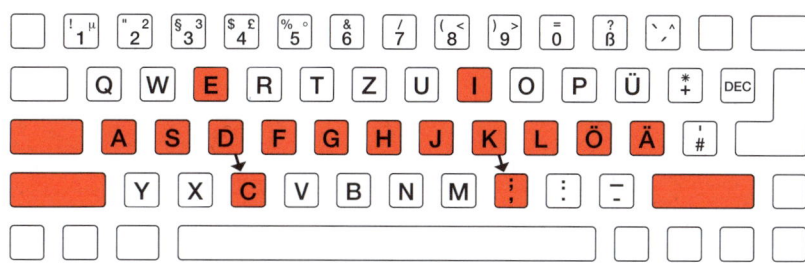

Tipp: Achten Sie bitte auf Ihre Körperhaltung:
„Hängen" Sie nicht über der Schreibmaschine!
Sitzen Sie gerade davor, wenn Sie schreiben!

Konzentrationstraining durch Griffübungen
Schreiben Sie jede Zeile 5-mal fehlerfrei und rhythmisch.

23 asdcdef jk,kilö asdcef jk,ilö asecf ji,lö fedcsa ölik,j ec i,
24 asdcdef jk,kilö asdcef jk,ilö asecf ji,lö fedcsa ölik,j ec i,

25 asdfedc jklöik, asdfced jklö,ki fedc öik, fesa ölij fcsa öl,j
26 asdfedc jklöik, asdfced jklö,ki fedc öik, fesa ölij fcsa öl,j

Festigung durch Wortübungen

27 Öle Aale Liesel Sessel Klasse Diesel Jaffa Fliege Hilfe Galle
28 Öle Aale Liesel Sessel Klasse Diesel Jaffa Fliege Hilfe Galle

29 die Öle, die Aale, die Liesel, die Sessel, die Klasse, Diesel
30 die Fliege, die Hilfe, die Galle, die Geige, die Liege, Jaffa

31 die Eiche, die Deiche, die Asche, die Fische, die Deichsel da
32 diese Eiche, diese Deiche, diese Asche, diese Fische, Cedille

33 die Eidechse, die Gleiche, die Leiche, diese Hechelei, Kachel
34 ja die Eidechse, ja die Gleiche, ja die Leiche, ja die Kachel

Tipp: Üben Sie jeden Tag 2-mal 10 Minuten. Das ist besser als
jeden dritten Tag zwei Stunden!

Lernkontrolle durch Satzübungen
Statt des Satzpunktes schreiben wir vorläufig das Semikolon.

35 Liesel sage es Helga, ich sage das Lied leise; ach Liese half
36 eilig; Adelheid, dich sah ich eilig; ach Liesel ich leihe dir
37 Schleife; die Klasse lese leise das Lied, siehe die Eidechse;

38 Das Jagdglas lag ja da; als Heidi diese Eidechse sah, da lief
39 sie; ja, als Adelheid die eisige See sah, da half sie Liesel;

40 Ich sah die helle Diele, ich sah die Heide, ich sah die Höfe;
41 Ach, jede sah das Dach; ja, dieses Dach; siehe die Heidehöfe;

Merkregel: Richtigkeit geht vor Schnelligkeit!

A S D F ☐ ☐ J K L Ö

R **U**

Lektion 6:

Griffe r und u

Einschreibübung
Schreiben Sie jede Zeile mindestens 3-mal.

1 asdfjklö asdefölkij asdfjklö asdefölkij asdfjklö asdefölkikj
2 ölkjasdf ölk,kasdcd ölkjasdf ölk,kasdcd ölkjasdf ölk,kasdcf

3 edcsafik,löj edcsafik,löj edcsafik,öj edcsafik,öj edcsafik,öj
4 jöl,kifascde jöl,kifascde jöl,kifascde jöl,kifascde jöl,kifas

Erarbeitung der Griffe r und u

5 asdfrf ölkjuj asdfrf ölkjuj asdfrf ölkjuj asdfrf ölkjuj frfju
6 frfjuj frfjuj frdesa jukilö frdesa frfjuj frfjuj frdesa jukil

7 frfded jujkik frfdcd jujk,k frfded jujkik frfdcd jujk,k rfded
8 ujk,ki rfdcde ujk,ki rfdcde ujk,ki rfdcde ujk,ki rfdcde ujk,k

9 fra juö frs jul frd juk örl aus örk aud örj auf fru jur fr ju
10 ruj urf fua jrö dua krö sua lrö kuj drf luj srf öuj arf rf uj

Festigung durch Wortübungen

11 frage, frage, frage, laufe, laufe, laufe, frage, laufe, rauf,
12 frage, raufe, frage, kaufe, frage, raufe, frage, kaufe, rief,

13 eure, drei, klar, eure, drei, klar, eure, drei, klar, eure, d
14 rede, sehr, hier, rede, sehr, hier, rede, sehr, hier, rede, s

15 sehr eilige, alles ruhig, jeder laufe, gerade hier, gehe aus,
16 sehr ruhige, alles eilig, jeder kaufe, gerade alle, geradeaus

17 die Frage, die Freude, die Ruhe, der Karl, die Karla, Kuckuck
18 die Frage, die Freude, die Ruhe, der Karl, die Karla, Kuckuck

19 die Kugelfische, der Hilferuf, der Kuckucksruf, die Ruhelage,
20 die Kugelfische, der Hilferuf, der Kuckucksruf, die Ruhelage,

Lernkontrolle durch Geläufigkeitssätze
Schreiben Sie jeden Satz mindestens 5-mal fehlerfrei,
bevor Sie den nächsten Satz ebenfalls 5-mal schreiben.

21 Sage Adelheid, hier höre jeder diese Kuckucksrufe sehr leise;
22 Karla sage sehr leise, dieser Löffel gehöre sicherlich Adele;

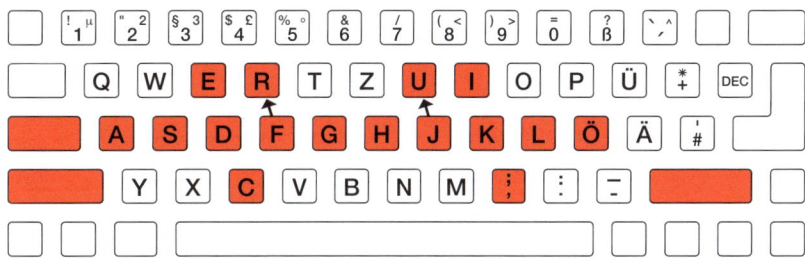

Schreibsicherheit durch Griffübungen = Fingergymnastik

23 frfr juju frfr juju frfr juju frfr juju frfr juju frfr juju r
24 fruj jurf fruj jurf fruj jurf fruj jurf fruj jurf fruj jurf u

25 fra juö fra juö fra juö fra juö fra juö fra juö fra juö fra r
26 raf uöj raf uöj raf uöj raf uöj raf uöj raf uöj raf uöj raf u

27 rsf ulj rsf ulj rsf ulj rsf ulj rsf ulj rsf ulj rsf r
28 rdf ukj rdf ukj rdf ukj rdf ukj rdf ukj rdf ukj rdf u

29 örf auj örf auj örf auj örf auj örf auj örf auj örf r
30 öre aui öre aui öre aui öre aui öre aui öre aui öre u

31 ref uij ref uij ref uij ref uij ref uij ref uij ref e
32 aer öiu aer öiu aer öiu aer öiu aer öiu aer öiu aer i

33 asderfd ölkiujk asderfd ölkiujk asderfd ölkiujk asderfd ölkiu
34 dfredas kjuiklö dfredas kjuiklö dfredas kjuiklö dfredas uiklö

Festigung durch Wortübungen

35 Hirse Haus Rede Reeder Reederei Dur Kur Uhr Ruhr Kuli Ulli Öl
36 Hirse Haus Rede Reeder Reederei Dur Kur Uhr Ruhr Kuli Ulli Öl

37 Jura Frau Erde Ilse Juli Frage Iller Erdöl Jahr Friede Julius
38 Jura Frau Erde Ilse Juli Frage Iller Erdöl Jahr Friede Julius

Lernkontrolle durch Wendungen

39 auf dieser Reise, das Ufer der Saale, raufe die Haare, das Ei
40 auf dieser Reise, das Ufer der Saale, raufe die Haare, das Ei

41 rufe Julius her, rufe Frau Krause, Adelheid lege alles darauf
42 sei ruhig Ilse, sieh da Ulli, auch Karla sah die Fischerei da

Griffe v und m

Tipp: Gewöhnen Sie sich an das rhythmische Schreiben. Durch das konzentrierte, gleichmäßige Abdrücken der Tasten machen Sie automatisch weniger Fehler.

Erarbeitung der Griffe v und m
Möglichst jede Zeile 5-mal fehlerfrei schreiben.

```
 1   asdfvf ölkjmj asdfvf ölkjmj asdfvf ölkjmj asdfvf ölkjmj asdfv
 2   fvfdsa jmjklö fvfdsa jmjklö fvfdsa jmjklö fvfdsa jmjklö fvfds

 3   fvfrfvf jmjujmj fvfrfvf jmjujmj fvfrfvf jmjujmj fvfrfvf jujmj
 4   frfvfrd jujmjuk frfvfrs jujmjul frfvfra jujmjuö frvfrvf jumjö

 4   fvfredsa jmjuiklö fvfredsa jmjuiklö fvfredsa jmjuiklö fvfreds
 6   fvfredca jmjuik,ö fvfredca jmjuik,ö fvfredca jmjuik,ö fvfredc

 7   ver mir vie mie vei mei ver mir vie mie vei mei ver mir vie m
 8   mer vir mie vie mei vei mer vir mie vie mei vei mer vir mie v
```

Festigung durch Wortübungen

```
 9   viel mehr verlese mehrfach vielfach mache vermache mische das
10   viele vieles vieler vielem mehr mehre mehrere mehreres vieler

11   vermehre verlasse verkaufe vermache verlese verliere verkaufe
12   vergehe vermerke vermische vermelde vergesse verlaufe verlese

13   vermiese, vermahle, vermale, versehe, vergehe, verlege, viele
14   vermerke, vergesse, verlaufe, versuche, vermerke, vermöge es,

15   Vieh, Meer, Vers, Mimik, Villa, Muskel, Vier, Mieder, Villach
16   Vermerk, Mega, Vikar, Mischer, Verruf, Mull, Virus, Maulesel.
```

Festigung durch Wendungen

```
17   sehr viel Vieh, auf dem Meer, merke viele Verse, diese Villa,
18   der kluge Vermerk, vermerke ihre Versuche, das Villacher Vieh

19   alle die Vermerke, der aufmerksame Mischer, der fremde Vikar,
20   mehrere Filme, immer mehr Verkehr, immer viele Versuchsfilme,

21   immer die Maare, immer die Meere, auf dem Mars, mehrere Male,
22   verkaufe im Mai, verkaufe die Vase, vermische das viele Mehl,
```

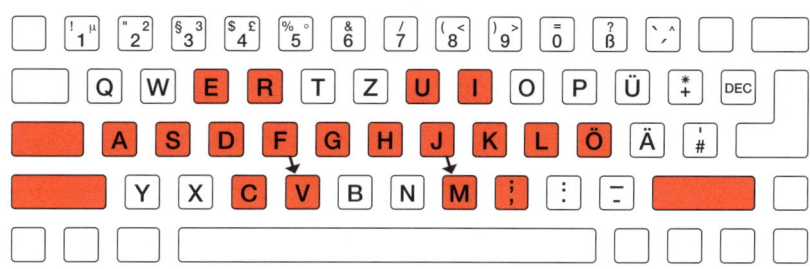

Tipp: Üben Sie die Beispiele dieser Seite und aller vorangegangenen immer wieder, bis Sie das Gefühl haben,
dass auch die schwierigen Griffe „sitzen"!

Schreibsicherheit durch Griffübungen = Fingergymnastik

23 rfvdsa ujmklö rfvdsa ujmklö rfvdsa ujmklö rfvdsa ujmklö rfvds
24 edcrfv ik,ujm edcrfv ik,ujm edcrfv ik,ujm edcrfv ik,ujm edcrf

25 fjruvmdkeic, fjruvmdkeic, fjruvmdkeic, fjruvmdkeic, fjruvmdke
26 ,kiujmcderfv ,kiujmcderfv ,kiujmcderfv ,kiujmcderfv ,kiujmcde

27 fjvmdkc,eidk fjvmdkc,eidk fjvmdkc,eidk fjvmdkc,eidk fjvmdkcei
28 kdie,ckdmvjf kdie,ckdmvjf kdie,ckdmvjf kdie,ckdmvjf ieckdmvjf

Festigung durch Wendungen

29 viele Lacke, jede Jacke, diese Hecke, dieser Fleck, ja Flachs
30 diese Lacke, diese Hacke, jede Decke, der Flachs, die Fackel,

31 dieser Vermerk, decke das Dach, recke die Decke, dieser Mars,
32 versuche die Lachse, die Meereslage, mehrere Maler, die Eiche

Lernkontrolle durch Satzübungen

35 Adelheid vermerke dir die Reihe der Versuche der Marschierer;
36 Adele versuche die Lachse; Friedel sieh diese Messer im Sack;

37 Adam vermerke es, ich vergesse diese Sache sicherlich gleich;
38 Friedel ich verleihe im Juli die Decke, die ich dir vermache;

39 Die Kauffrau verkaufe im Juli frische Meeresfische aus Kiel;
40 Im Kaufhaus Meier kaufe ich immer mehrere frische Seefische;

41 Sage Helga, die Filme aus dem Kaufhaus kaufe ich sicher auch;
42 Lege die Filme auf die Jacke, dieses merke ich mir sicherlich

Merkregel: Schreiben Sie erst jeden Satz mindestens 3-mal
fehlerfrei und rhythmisch und dann beginnen Sie
erst mit der nächsten Zeile.

Nur Ausdauer führt zum Erfolg.

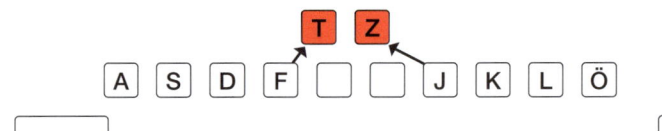

Griffe t und z

Tipp: Üben Sie die Zeigefingergriffe zum t und z besonders gewissenhaft und beachten Sie das rhythmische Schreiben.

Erarbeitung der Griffe t und z

```
1   jzjö ftfa jzjö ftfa jzjö ftfa jzjö ftfa jzjö ftfa jzjö ftfa z
2   jhzj fgtf jhzj fgtf jhzj fgtf jhzj fgtf jhzj fgtf jhzj fgtf t

3   frtgf juzhj frtgf juzhj frtgf juzhj frtgf juzhj frtgf juzhj z
4   jhzuj fgtrf jhzuj fgtrf jhzuj fgtrf jhzuj fgtrf jhzuj fgtrf t

5   juzfrt juzfrt juzfrt juzfrt juzfrt juzfrt juzfrt juzfrt juzfr
6   trfzuj trfzuj trfzuj trfzuj trfzuj trfzuj trfzuj trfzuj trfzu

7   fjrutz fjrutz fjrutz fjrutz fjrutz fjrutz fjrutz fjrutz fjrut
8   tzurjf tzurjf tzurjf tzurjf tzurjf tzurjf tzurjf tzurjf tzurj

9   zer ter zer ter zer ter zer ter zer ter zer ter zer ter zer t
10  zur tur zur tur zur tur zur tur zur tur zur tur zur tur zur z
```

Festigung durch Wortübungen

```
11  trage trete treffe trat tretet geht guter ziehe zage letztere
12  trage trete treffe trat tretet geht guter ziehe zage letztere

13  zerfalle zertrete zermale zergehe zergliedere zerstreue zerre
14  zerfalle zertrete zermale zergehe zergliedere zerstreue zerre

15  Zerrerei, zeige, Zeiger, zerfalle, Zerfall, ziehe es, Zieher,
16  Zerrerei, zeige, Zeiger, zerfalle, Zerfall, ziehe es, Zieher,

17  Ziege, Ziegel, Ziegelei, Ziegeldach, Ziegelstreicher, Ziegel,
18  Ziel, Zielkamera, Zielkauf, Zielgerade, diese Zielsicherheit,

19  zugemauert, zugeheftet, zugemutet, zumeist, zugleich, zuletzt
20  Zuzug, Zugtier, Zugverkehr, Zulieferer, Zurichterei, Zurichter
```

Festigung durch Wendungen

```
21  zertrete die Ziegel, zerhacke die Ziegel, zerstreue das Zeug,
22  zeige die Zulage, zeige die Zielkamera, zeige diese Ziegelei,

23  viel Verkehr, viel Zugverkehr, viele Zulieferer, der Zielkauf
24  jetzt zur Schau gestellt, richtet die Zeit, seit kurzer Zeit,
```

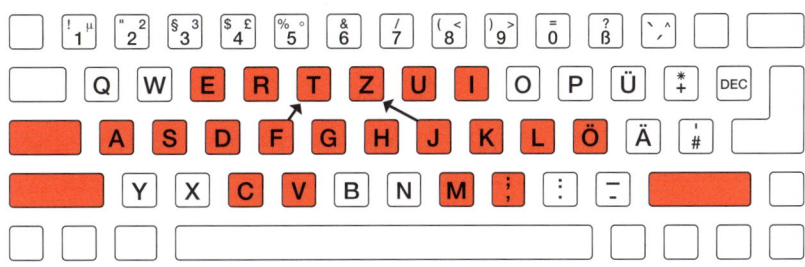

Schreibsicherheit durch Griffübungen
Bitte jede Zeile mindestens 3-mal fehlerlos schreiben.

25 jzjklö ftfdsa jzjklö ftfdsa jzjklö ftfdsa jzjklö ftfdsa jzftö
26 ölkjzj asdftf ölkjzj asdftf ölkjzj asdftf ölkjzj asdftf ötfzj

27 fgtfdsa jhzjklö fgtfdsa jhzjklö fgtfdsa jhzjklö fgtfdsa fjztu
28 asdftgf ölkjzhj asdftgf ölkjzhj asdftgf ölkjzhj asdftgf öaztl

29 fjghtzdkeirutzghfj fjghtzdkeirutzghfj fjghtzdkeirutzghfj fjgh
30 öasldkfjrueidkslaö öasldkfjrueidkslaö öasldkfjrueidkslaö öasl

Tipp: Achten Sie auch bei dieser Lektion immer wieder
auf richtige Hand- und Fingerhaltung! Sitzen Sie
stets gerade, die Wirbelsäule dankt es Ihnen!

Lernkontrolle durch Satzübungen

31 Kurt Zeiger macht heute die Fahrt mit Zacharias zur Adria mit
32 Zacharias Ziegeler eilte mit dem Zug immer heiter um die Erde

33 Die Zufahrt zur Garage ist gut gestreut, dieses ist immer gut
34 Jetzt herrschte fast eisige Stille, darum rettete er das Tier

35 Kurt Zart hört leise dem Leser zu, ja er ist sehr aufmerksam;
36 Gerd Zielazeck ist der gute Stegreifdichter, der immer lacht;

37 Jeder hat aufmerksam die Ersatzteile aus Edelstahl gesichtet;
38 Herr Fritz Zart macht jetzt diese mutige Aussage zur Tatzeit;

39 Der Arzt machte zur Zeit viele Versuche, das ist sehr richtig
40 Frau Kraus geht mit ihrer Katze zum Tierarzt, das ist richtig

41 Julius Ziegler geht als starker Sieger direkt auf das Ziel zu
42 Statt der Tiere aus dem Zirkus zeigt Karla die Katze Mizemaus

43 Dieser Zufahrtssteg ist seit heute mit Stahlgitter zugemacht;
44 Die Zufahrt zur Garage der Reiter ist sehr dauerhaft verlegt;

Merkregel: Erst gleichmäßig und sicher, dann schnell.
Wiederholen Sie nach Möglichkeit alle bisherigen
Übungen, denn **Übung macht den Meister!**

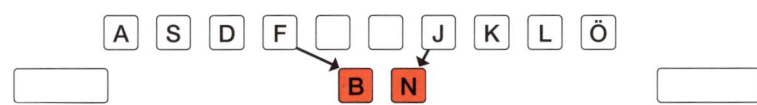

Lektion 9:

Griffe b und n

Tipp: Wenn Sie in Ihrer Arbeit Fehler machen, dann sind
Sie nicht konzentriert genug. Legen Sie während des
Schreibens eine Pause ein!

Erarbeitung der Griffe b und n
Schreiben Sie jede neue Zeile erst, wenn die vorherige 3-mal
fehlerlos auf dem Papier steht.

```
1   fbfgbf jnjhnj fbfgbf jnjhnj fbfgbf jnjhnj fbfgbf jnjhnj fbfgb
2   fbvfbf njmjnj fbvfbf njmjnj fbvfbf njmjnj fbvfbf njmjnj fbvfb

3   fbfrfbf jnjujnj fbfrfbf jnjujnj fbfrfbf jnjujnj fbfrfbf jnjuj
4   fbfdsab jnjklön fbfdsab jnjklön fbfdsab jnjklön fbfdsab jnjkl

5   jnjöfbfa jnjöfbfa jnjöfbfa jnjöfbfa jnjöfbfa jnjöfbfa jnjöfbf
6   jhnöfgba jhnöfgba jhnöfgba jhnöfgba jhnöfgba jhnöfgba jhnöfgb

7   jnuzjnhj fvrtfbgf jnuzjnhj fvrtfbgf jnuzjnhj fvrtfbgf jnuzjnh
8   jnmjhzuj fbvfgtrf jnmjhzuj fbvfgtrf jnmjhzuj fbvfgtrf jnmjhzu

9   asdfbfrt ölkjnjuz asdfbfrt ölkjnjuz asdfbfrt ölkjnjuz asdfbfr
10  asdfrvtb ölkjumzn asdfrvtb ölkjumzn asdfrvtb ölkjumzn asdfrvt
```

Festigung durch Wendungen

```
11  an und ab, nah und fern, eben neben, bang und lang, gegen ihn
12  an und ab, nah und fern, eben neben, bang und lang, gegen ihn

13  unter diesen, neben ihnen, lange hinter ihnen, es leben alle,
14  unter diesen, neben ihnen, lange hinter ihnen, es leben alle,

15  die Bezahlung, die Vernarbung, die Behandlung, Verhandlungen,
16  die Bezahlung, die Vernarbung, die Behandlung, Verhandlungen,

17  die Bedingungen, die Neuregelungen, die Bedienung, Neigungen,
18  die Bedingungen, die Neuregelungen, die Bedienung, Neigungen,

19  Richtung geben, die Stellung halten, die Handhaltung beachten
20  Richtung geben, die Stellung halten, die Handhaltung beachten
```

Merkregel: Schreiben Sie nach jeder Übung alle falsch
geschriebenen Wörter jeweils eine Zeile lang,
damit Sie sie dann fehlerfrei schreiben können.

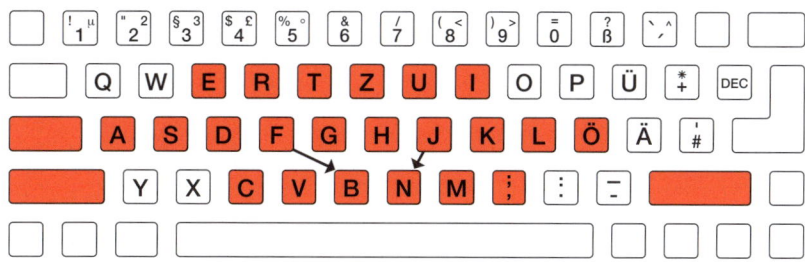

Tipp: Benutzen Sie als Einschreibübung die Zeilen
Nr. 2, 4, 6, 8 und 10 der vorherigen Seite.

Mit kurzen Fingernägeln schreiben Sie besser.

Festigung durch Wortübungen

21 haben heben nahm nehmen gab geben aber eben laben leben baden
22 laden lesen lahm nimmer bei reden rein sein neues lange bange

23 sein bald sind denn dann gebt lebt bebt stand rang allen dein
24 sein bald sind denn dann gebt lebt bebt stand rang allen dein

25 bleibe lange bleibe lange bleibe lange bleibe lange bleibe es
26 bleibe lange bleibe lange bleibe lange bleibe lange bleibe es

27 bleibe nicht lange, bleibe nicht zu lange, sie blieb nie lang
28 bleibe nicht lange, bleibe nicht zu lange, sie blieb nie lang

Lernkontrolle durch Satzübungen

Tipp: Schreiben Sie diese Satzübungen einmal 1 1/2-zeilig
oder 2-zeilig ab. Diesen größeren Zeilenabstand verwendet man bei Berichten oder Protokollen.

29 Jeder neue Anfang ist nicht leicht, aber jeder kann es lernen
30 Jede Bedingung ist ganz klar, aber jeder kennt sie eben nicht

31 Bis die Rechnung nicht bezahlt ist, kann sie keine Aale haben
32 Gegen Barzahlung ist jeder neue Hut schnell und gut lieferbar

33 Nach diesen Berechnungen könnten die neuen Ergebnisse stimmen
34 Nun könnten die schönen und einfachen Sachen ausgestellt sein

35 Sicherlich sind diese Ursachen der Neuverschmutzung unbekannt
36 Alle haben die gleichen Rechte bei dieser Krankenversicherung

37 Hier diesen feinen Strickmantel finden sicherlich alle schick
38 Diese Stricksachen machten die Frauen lieber alle selber nach

39 Jetzt zahlte sich alles aus, denn nun kam das schöne Ergebnis
40 Alle Menschen blickten erstaunt zu dem neuen Gast in der Ecke

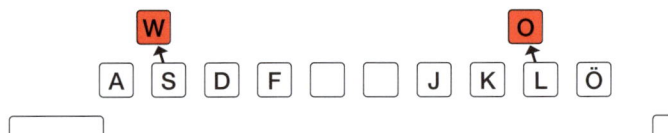

Griffe w und o

Tipp: Nur der „Schreibfinger" bewegt sich vom Fleck.

Erarbeitung der Griffe w und o

1 aswsdf ölolkj aswsdf ölolkj aswsdf ölolkj aswsdf ölolkj swloö
2 fdswsa jklolö fdswsa jklolö fdswsa jklolö fdswsa jklolö öswlo

3 fdedswsa jkiklolö fdedswsa jkiklolö fdedswsa jkiklolö lolswsö
4 aswsdedf ölolkikj aswsdedf ölolkikj aswsdedf ölolkikj öswslol

5 frdeswa jukiloö frdeswa jukiloö frdeswa jukiloö frdeswa jukio
6 awsedrf öolikuj awsedrf öolikuj awsedrf öolikuj awsedrf oikuj

7 swsloldedkik swsloldedkik swsloldedkik swsloldedkik swlodekik
8 kikdedlolsws kikdedlolsws kikdedlolsws kikdedlolsws kikedolws

9 eiw ow rew tiew egaw dliw esol liew lliw llos osla etllow raw
10 wie wo wer weit wage wild lose weil will soll also wollte war

Festigung durch Wortübungen

11 werden worden geworden gewonnen gewollt gekonnt gehofft weise
12 werden worden geworden gewonnen gewollt gekonnt gehofft weise

13 der Wagen, das Wild, die Lose, die Wahl, das Kilo, die Wogen,
14 die Wiese, der Wall, das Wohl, der Wind, der Kohl, die Wiese,

15 Wolle, Wollkleid, Wollmantel, Wollstoffe, Wollschal, Wollrest
16 der Morgen, Morgenmantel, Morgenrot, Morgenlicht, Morgensonne

17 wohl, wohlig, wohllautend, wohlmeinend, wohlriechend, wohlauf
18 wohl verwahrt, wohlverstandener, wohl versorgte, wohlverdient

19 Wohnung, Wohnhaus, Wohnheim, Wohnlage, Wohnungsamt, Wohnsitz,
20 Wohnungssuchende, Wohnungstausch, Wohnviertel, Wohnwagenfarbe

Festigung durch Satzübungen

21 Wieso gefielen die Wollkleider der kleinen Olga besonders gut
22 Wieso wagte Olga diesen besonders schwierigen Waldweg alleine

23 Diese Wolken wandern am bedeckten Himmel immer schnell weiter
24 Der Wanderer kann wandern wohin er will, er kommt an das Ziel

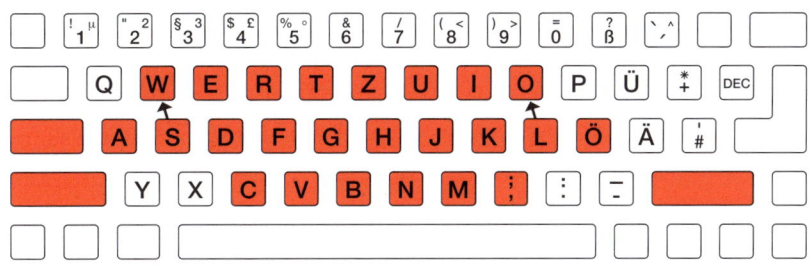

Merkregel: Erst gleichmäßig und sicher, dann schnell.

Tipp: Benutzen Sie als Einschreibübung die Zeilen Nr. 1, 3, 5, 7 und 9 der vorherigen Seite.

Griffsicherheit durch Wortübungen

25 wunder, wunderbar, wunderbarerweise, wundermild, wunderschön,
26 Wunder, Wunderblume, Wunderdoktor, Wunderkerzen, Wunderwerke,

27 woanders, woandershin, wohinaus, womit, wobei, und womöglich,
28 Woche, Wochenblatt, Wochenende, Wochenendhaus, Wochenschauen,

29 bewirten, wirtlich, wirken, wirklich, wie wirklichkeitsfremd,
30 Wirtschaft, Wirtschaftler, Wirtschaftlerin, Wirtschaftsformen

31 Wirkung, Wirklichkeit, Wirklichkeitsformen, Wirklichkeitssinn
32 Werbeetat, Werbeabteilungen, Werbewirksamkeit, Werbungskosten

Tipp: Sehen Sie während des Schreibens nicht auf die Hände, sondern nur auf die Vorlage. So können Sie sich besser konzentrieren.

Lernkontrolle durch Satzübungen

33 Herr Winkelhauser erinnerte sich, den Kunden gemahnt zu haben
34 Frau Winter ist sicher, die Regelungen nicht gekannt zu haben

35 Der Besitzer des Hauses hat keine Gelegenheit, es zu bewohnen
36 Es ist wichtiger, die Bewohner des Hauses zu benachrichtigen

37 Die Kunden beanstandeten, diese Waren nicht erhalten zu haben
38 Das Unternehmen bittet nun, den kleinen Betrag zu annullieren

39 In zwei Stunden diktieren die Sachbearbeiter wichtige Briefe
40 Diese zwei Briefe erhielten gestern eine besondere Freimarke

41 Im kommenden Jahr ist unser Vertreter bereit, Sie zu besuchen
42 Vor vier Wochen schickten wir Ihnen unsere Sommerangebote zu

43 Einige Wissenschaftler waren Teilnehmer der Kölner Konferenz
44 Diese Zweitwohnungen sollen bis Ende November bezogen werden

Tipp: Üben Sie täglich mindestens 10 Minuten!

Lektion 11:
Griffe x, Punkt und Doppelpunkt

```
Tipp:  Halten Sie Ihre Handgelenke stets waagerecht.

Erarbeitung der Griffe x, Punkt und Doppelpunkt

 1  fdsxsa jkl.lö fdsxsa jkl.lö fdsxsa jkl.lö fdsxsa jkl.lö sxl.l
 2  asxsdf öl.lkj asxsdf öl.lkj asxsdf öl.lkj asxsdf öl.lkj l.lxs

 3  sxswsf l.lolj sxswsf l.lolj sxswsf l.lolj sxswsf l.lolj swx.l
 4  axswxf ö.lo.j axswxf ö.lo.j axswxf ö.lo.j axswxf ö.lo.j x.lsö

 5  aXswXf l.l:lj aXswXf l.l:lj aXswXf l.l:lj aXswXf l.l:lj x:X.l
 6  fXwsXa jl:l.l fXwsXa jl:l.l fXwsXa jl:l.l fXwsXa jl:l.l l.X:x

Festigung durch Wortübungen

 7  fix fixe fixen mixe mixen boxe boxen fix fixe fixen mixe boxe
 8  fix fixe fixen mixe mixen boxe boxen fix fixe fixen mixe boxe

 9  fixeste, fixer Junge, fixes Gehalt, fixe Kosten, fix, fertig,
10  fix und fertig, Fixigkeiten, Fixkosten, Fixstelle, Fixsterne,

11  Taxe, taxieren, Taxator, Taxwert, Taxwerte, Taxi, Taxushecke,
12  Text, texten, Textgestaltung, Textverarbeitung, Textilfabrik,

Festigung durch Wendungen

13  mit der Taxe fahren, Textilien einkaufen, den Fixstern sehen.
14  die bedrohte Existenz, das Examen bestehen, im Lexikon lesen.

15  eine Reise nach Mexiko, unter extremen Bedingungen, existiere
16  eine Mexikanerin, den Taxwert errechnen, gute Textgestaltung.

17  Verschwendung: Luxus; Luxusartikel, Luxusausgabe, Luxushotel.
18  Herzogtum: Luxemburg; luxemburgisch, die Luxemburger Chaussee

19  Dinge zum Messen der Beleuchtung: Luxmeter; Einheit: das Lux.
20  Verben: fixieren, mixen, boxen, taxieren, existieren, kraxeln

Festigung durch Satzübungen

21  Max und Alexander werden immer im Lexikon alles nachschlagen.
22  Der Einsatz von Taxibussen im Nahverkehr ist heute angenehmer.

23  In dieser Stadt wird die Existenz der Textilbetriebe bedroht.
24  Mit dem Inhalt der Texte sollten alle sich auseinandersetzen.
```

Tipp: Gehen Sie nur dann zur nächsten Übung weiter,
wenn Sie jeden Buchstaben sicher greifen können.

<u>Schreibsicherheit durch Griffübungen</u>

25 asxsdcdfvf öl.lk,kjmj asxsdcdfvf öl.lk,kjmj asxsdcdfvf öl.lk,
26 asXsdCdfVf öl:lk;kjMj asXsdCdfVf öl:lk;kjMj asXsdCdfVf öl:lk;

27 xsw.loXsw:lo xsw.loXsw:lo xsw.loXsw:lo xsw.loXsw:lo sXl.:lsx.
28 xsw.loXsw:lo xsw.loXsw:lo xsw.loXsw:lo xsw.loXsw:lo sXl.:lsx.

29 sx sxs xas xsx xsa xs xa xvx xbx xjx xnx xmx xhx xgx xkx xlxö
30 sx sxs xas xsx xsa xs xa xvx xbx xjx xnx xmx xhx xgx xkx xlxö

<u>Anwendung durch Wortübungen</u>

31 Vorname: Xaver, Name: Huber, Geburtsort: Xanten, Niederrhein.
32 Vorname: Xaver, Name: Huber, Geburtsort: Xanten, Niederrhein.

33 Verkaufsleiter: Herr Schellhuber, Mitarbeiterin: Frau Geiger.
34 Einkaufsleiter: Herr Schönberger, Sachbearbeiterin: Frau Eis.

35 Vereinsmitglieder des TuS sind: Kalter, Kelter, Klammer, Reh.
36 Vereinsmitglieder des StV sind: Reuter, Söller, Martens, Rot.

<u>Lernkontrolle durch Satzübungen</u>

37 Als Auszeichnung erhielten die Teilnehmer sehr schöne Sachen.
38 Unser Mitarbeiter, Herr Xaver Schönberger, kommt nach Xanten.

39 Beatrix und Alexander nehmen doch an der Schulkonferenz teil.
40 Alexa und Xaver haben gern gute Noten in den Schulzeugnissen.

41 Alex bangt um seine Existenz, denn der Betrieb geht schlecht.
42 Maximilian kommt immer zeitiger, denn alle machen Kurzarbeit.

43 Vorgestern ist Max bereits mit dem Auto nach Xanten gefahren.
44 In der heutigen Zeit werden immer mehr Luxusartikel verkauft.

45 Alle Luxusartikel sind von den Bediensteten abgeladen worden.
46 Er braucht besondere Eignung, wenn er seine Existenz aufbaut.

Merkregel: Übung macht den Meister!
Schreiben Sie erst jeden Satz fehlerfrei und
dann beginnen Sie mit der nächsten Zeile.

Lektion 12:
Griffe q und p

Tipp: Üben Sie die Buchstaben so lange, bis Sie das Gefühl
haben, dass sie „sitzen".

Erarbeitung der Griffe q und p

1 fdsaqasdf jklöpölkj fdsaqasdf jklöpölkj fdsaqasdf jklöpölkj q
2 aqasdfred öpölkjuik aqasdfred öpölkjuik aqasdfred öpölkjuik p

3 aqswdefr öplokiju aqswdefr öplokiju aqswdefr öplokiju aqswdef
4 fredwsqa ujikolpö fredwsqa ujikolpö fredwsqa ujikolpö fedwsqa

5 qua pra qua pra qua pra qua pra qua pra qua pra qua pra qua p
6 qui pro qui pro qui pro qui pro qui pro qui pro qui pro qui q

Festigung durch Wortübungen

7 quer quick quer quick quer quick quer quick quer quick quer q
8 paar packe paar packe paar packe paar packe paar packe paar p

9 Aqua Post Aqua Post Aqua Post Aqua Post Aqua Post Aqua Post Q
10 Quader Papst Quelle Preise Quintett Pinzetten Quote Polizei P

11 Querverbindungen, Querulant, Quertreiberei, Querfeldeinrennen
12 Papierverarbeitung, Plakatkleberei, Pizzeria, Paprika, Puppe,

Festigung durch Wendungen

13 eine gute Querverbindung, der alte Querulant, die Quertreiber
14 teuere Papierverarbeitung, neue Plakatkleberei, gute Pizzeria

15 ein schöner Papagei, der kleine Picknickkorb, bis Prag reisen
16 die Peitsche schwingen, frische Pfirsiche ernten, die Pflicht

Festigung durch Satzübungen

17 Philipp las den Philipperbrief des Paulus wieder Pauline vor.
18 Das Phantombild wurde nach Zeugenaussagen wieder gut gemacht.

19 Der Pflegerberuf ist interessant, aber auch sehr anstrengend.
20 Die Protokollschreiberin sollte in der Besprechung aufpassen.

21 Die Stadtsparkasse stiftete diese Aquarelle als Siegespreise.
22 Das Paketporto wurde erhöht, die Quartalsstatistik zeigte es.

Tipp: Benutzen Sie zum Einschreiben die Zeilen
Nr. 1, 3, 5 und 6 der vorherigen Seite.

Sicherheit durch Fremdwörter

23 Quader: ein von sechs Rechtecken begrenzter Körper; Quadrat:
24 Viereck mit vier rechten Winkeln und vier gleichen Seiten.
25 Quecksilber: chemischer Grundstoff; Querulant: Nörgler.

26 Programm: Plan; Projekt: Vorhaben, Plan; Prognose: Vorhersage
27 Prokura: Handlungsvollmacht, Recht, den Inhaber des Betriebes
28 zu vertreten; Programmierer: Fachmann der Datenverarbeitung.

29 der Prospekt: Werbeschrift; Quittung: Empfangsbescheinigung;
30 die Protektion: Gönnerschaft, Förderung; die Quote: Anteil;
31 das Protokoll: Niederschrift, Tagungsbericht; quitt: fertig.

Tipp: Verändern Sie den Anfangsrandsteller durch
Verschieben des linken Randes um 20 mm.

Festigung durch Fremdsprachentext
Schreiben Sie jede Zeile 3-mal, damit Sie Ihre Fehler sehen.

32 A cheque is a bill of exchange drawn on a bank.
33 A contract is an agreement made between persons.

34 Protein of milk is as good as the protein of meat.
35 It is superior to the protein of vegetables.

36 A contract is an agreement made between two or more persons.
37 The protein of milk is as good as the protein of fish.

38 The attraction of music is a strong one for most people.
39 The average adult does not read much faster than a child can.

Lernkontrolle durch Fließtext

40 Bestimmt werden Sie festgestellt haben, wie wichtig es ist,   62
41 langsam, aber sicher das Tastenfeld zu erarbeiten, um nicht   122
42 zu viele Fehler zu machen. Von jetzt an schalten Sie in die   185
43 Arbeiten auch das wiederholte Abschreiben dieses Textes und   248
44 der folgenden Texte ein. Kommen Sie auch bei diesen Texten   311
45 nicht in Versuchung, schnell zu schreiben. Denken Sie daran, 375
46 Griffsicherheit geht vor Schnelligkeit; es ist sehr wichtig. 439

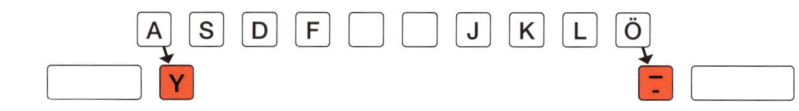

Lektion 13:
Griffe y, Mittestrich und Unterstreichung

Tipp: Denken Sie stets an das rhythmische Schreiben.
Sie machen dann automatisch weniger Fehler.

Erarbeitung der Griffe y, Mittestrich und Unterstreichung

1 aqayasdf aqayasdf aqayasdf aqayasdf aqayasdf aqayasdf aysdf y
2 öpö-ölkj ö-öp-lkj öpö-ölkj ö-öpölkj öpö-ölkj ö-öpölkj ö-lkj -

3 ayaf ayad ayas ayaf ayad ayas ayaf ayad ayas ayaf ayad ayas y
4 ö-öj ö-ök ö-öl ö-öj ö-ök ö-öl ö-öj ö-ök ö-öl ö-öj ö-ök ö-öl -

5 ayö- syl- ayö- syl- ayö- syl- ayö- syl- ayö- syl- ayö- syl- y
6 dyk- fyj- dyk- fyj- dyk- fyj- dyk- fyj- dyk- fyj- dyk- fyj- -

7 jklö-asdf jkö-öasdf jlö-kasdf ö-ölkjfdsa k-öljfdsa l-öpöfds -
8 fdsa-ölkj fdsaö-ökj fdsak-ölj asdfjklö-ö asdfjlö-k asföpö-l -

Festigung durch Wortübungen

9 Asyl Sylt Asyl Sylt Asyl Sylt Asyl Sylt Asyl Sylt Asyl Sylt y
10 Yard Type Yard Type Yard Type Yard Type Yard Type Yard Type y

11 Yoga Yeti Yoga Yeti Yoga Yeti Yoga Yeti Yoga Yeti Yoga Yeti y
12 Asyl Sylt Yard Type Yoga Yeti Asyl Sylt Yard Type Yoga Yeti y

13 typisch, typische, typisches, typisieren, tyrannisieren, Typ,
14 Typendruck, Typenlehre, Typenpsychologie, Typisierung, Tyrann

Festigung - Mittestrich als Silbentrennungsstrich

15 ty-pisch, ty-pi-sche, ty-pi-sches, ty-pi-sie-ren, Ty-pen-rad,
16 Ty-pen-druck, Ty-pen-leh-re, Ty-pen-psy-cho-lo-gie, Ty-rannen

17 Ty-po-gra-fie, Ty-po-graf, Ty-po-lo-gie, Ty-ran-ni-sie-rungen
18 Ty-po-skript, Ty-pung, Ty-pe, Ty-pi-sie-run-gen, Ty-pen-lehre

Merkregel: Mehrsilbige einfache und abgeleitete Wörter
trennt man nach Sprechsilben, die sich beim
langsamen Sprechen von selbst ergeben.

19 Freun-de, for-dern, wei-ter, Or-gel, kal-kig, Bal-kon, Ho-tel
20 Bes-se-rung, Fis-kus, Pla-net, Kon-ti-nent, Ber-lin, Bas-tei,
21 tre-ten, Ru-der, bo-xen, Kre-ta, Chi-na, An-ker, Drechs-lerei
22 Ach-sel, Knos-pen, steck-ten, gest-rige, Hes-sen, At-lan-tik,

Merkregel: Mittestrich plus Umschaltung ergibt den Grund-
strich, also den Unterstreichungsstrich. Bei
der elektronischen Schreibmaschine und am PC ist
es möglich, diese Funktion vor dem Schreiben ein-
zuschalten und anschließend wieder auszuschalten.

Erarbeitung der Unterstreichung

23 Regel: Unterstrichen wird immer <u>vom ersten bis zum letzten</u>
24 <u>Buchstaben</u> des entsprechenden Wortes. <u>Auch das Satzzeichen</u>
25 <u>wird unterstrichen,</u> wenn das vor ihm stehende Wort unter-
26 strichen ist; <u>Leerzeichen werden</u> ebenfalls <u>unterstrichen.</u>

Tipp: Stellen Sie den Zeilenabstand auf 1 1/2-zeilig ein.

Als Lernkontrolle noch ein Text zum Unterstreichen

27 Heute traf wieder der <u>lustige</u> und <u>interessante Wanderzirkus</u>
28 bei uns ein, der immer neu <u>die Herzen von Jung und Alt er-</u>
29 <u>freut.</u> Am Bahnhof wurde <u>Zirkus Krone</u> mit seinen Affen und
30 Tigern von den treuen Zuschauern <u>recht herzlich empfangen.</u>
31 Gerade in den Ferien ist diese Abwechslung bestimmt mal <u>etwas</u>
32 <u>Besonderes.</u> Der Zirkus Krone gibt immer wieder eine sehr
33 <u>lustige Clown-Einlage.</u> Alle Zuschauer sind begeistert und
34 die Kinder freuen sich ganz besonders.

Tipp: Stellen Sie den Zeilenabstand wieder auf 1.

Merkregel: Vokalverbindungen dürfen nur getrennt werden,
wenn sie keine Klangeinheit bilden und sich zwischen ihnen eine deutliche Silbenfuge befindet.

35 Be-frei-ung, Trau-ung, Mu-se-um, kre-ie-ren, Na-ti-o-nen,
36 bö-ig, Ide-a-lis-ten, po-e-tisch, bö-iges, Waa-ge, Aa-le,

Merkregel: Geschriebene Wörter trennt man am Zeilenende so,
wie sie sich bei langsamem Sprechen in Silben
zerlegen lassen. - Ein einzelner Vokal am Wort-
ende darf nicht abgetrennt werden.

37 Bau-er, Ei-er, steu-ern, na-iv, eu-ro-pä-i-sche, Fa-mi-li-en
38 Kleie, laue, baue, kaue - **nicht** Klei-e, lau-e, bau-e, kau-e

A S D F ☐ ☐ J K L Ö→Ä
Ü

☐   ☐

Tipp: Üben Sie beim Maschinenschreiben gleichzeitig
die deutsche Rechtschreibung, denn nur dann
sind Sie in der Praxis vollwertig einsetzbar.

Erarbeitung der Griffe ä und ü

1 jklöäölkj jklöüölkj jklöäaö jklöüaö jklöäüö jklöäüpö jklpüäöa
2 asdföäölk asdföäüöj asdfäüö asdfpüö asdfüöp asdfäpöü asdfüpöä

3 öäö öüö öäö öüö öäü öäö öüö öäö öüö öäö öäö öüö öäö öüö öäü ä
4 öpü öüp öpä öäp üpö püö äpö päö öpü öüp öüä öäp üpö püö äpö ü

5 sät bät kät gät rät sät bät kät gät rät sät bät kät gät rät ä
6 füg lüg küh lüc rüc rüb fül füg lüg küh lüc rüc rüb fül ühl ü

Festigung durch Wortübungen

7 lägen sägen bät rät tät gäb hätte gären klären nächster wären
8 bäten täten längere hält enthält während verlängert stärkeren

9 länger sagen, verlängert werden, stärker gären, länger gären,
10 länger stärken, währenddessen, gäbe es, kläre es, wären alle,

11 fülle, würde, dafür, kürzlich, überlasse, berührt, ausgeführt
12 übrig, führe, wofür, rückläufig, genügend, rücksichtslos, für

13 Güter, Rücken, Bücken, Brücken, Früchte, Gerüchte, Bemühungen
14 Frühe, Mütter, Lücken, Strünke, Gerüche, Gerümpel, Zündkerzen

Festigung durch Geläufigkeitssätze

15 Die Jäger werden sich längere Zeit damit beschäftigen können. 64
16 Die klärenden Gespräche sollen bereits im nächsten Juni sein. 64
17 Die Umstände drängen darauf, die Zahlungsfrist zu verlängern. 64
18 Diese Vorfälle sollten grundsätzlich schnell aufgeklärt sein. 63
19 Die Verkäufer wären sicherlich gerne entgegenkommend gewesen. 63
20 Die Geschäftsführerin erwägt, diese Geschäftsräume anzumieten. 65 383

21 Der jüngere Geschäftspartner erklärte es während der Führung. 64
22 Der Schüler erklärt sich bereit, die Stellungnahme abzugeben. 64
23 Der Bürgermeister wäre gern bei der Enthüllung dabei gewesen. 64
24 Diese Ausschüsse prüfen, ob auch die Gebühren anzuheben sind. 64
25 Auf der Rückfahrt aus dem Urlaub hielt der Bus bei Rüdesheim. 66
26 Es genügte allen, die Entscheidung nur mündlich zu begründen. 63 385

Tipp: Üben Sie die Außengriffe des rechten kleinen Fingers besonders oft.

Sicherheit durch Griffübungen
Schreiben Sie jede Zeile mindestens 3-mal fehlerlos, bevor Sie mit der nächsten Zeile beginnen.

```
27   asdftrf ölkjzuj asdfrt ölkjuzj jklö-äö fdsayas fdsaqay jklpüä
28   frtfdsa juzjklö trfdsa jzujklö öä-ölkj sayasdf yaqasdf äüplkj

29   afsrdtf jölukzj atsrdf jölzkuj jökäl-ö sfdasya yfdyqsa äjkülp
30   frdrsfa jzkulöj fdrsta jukzlöj ö-läköj aysadfs asqysfy plükjä

31   fvbgtra jmnhzuö fvbgtra jmnhzuö fvbgtra jmnhzuö fvbgtra jmnhz
32   atrgbvf öuzhnmj atrgbvf öuzhnmj atrgbvf öuzhnmj atrgbvf zhnmj
```

Konzentrationsübung: Englisch
Schreiben Sie auch hier jede Zeile 3-mal, dann ist die Fehlerkontrolle einfacher. Ohne diese geht es nicht.

```
33   The next morning when they were having their breakfast, they
34   discussed what to do on their first day. When they had dis-
35   cussed the question for some time, they agreed to take a long
36   walk through the streets of the West End to look at the shops
37   and perhaps go shopping themselves. They walked down Charing
38   Cross Raod, a street which is well-known for its many shops.
```

Lernkontrolle durch Fließtext

```
39   Neue Medien. Unter diesem Sammelbegriff versteht man Infor-     64
40   mations- und Unterhaltungsmedien sowie neue Geräte zur Infor-  128
41   mationsspeicherung und -übertragung. Sie sind im Begriff, das  191
42   bestehende Mediensystem und damit das Freizeitverhalten der    252
43   Bürger stark zu verändern sowie Umwälzungen in der Arbeits-    314
44   welt auszulösen. Das Bereitstellen der neuen Medien wird in    376
45   der gesamten Bundesrepublik Deutschland mit besonders hohen    438
46   Investitionen vorangetrieben. Neue Medien im engeren Sinne     500
47   sind vor allem die durch die Breitbandverkabelung ermöglich-   561
48   ten neuen Formen der Massenkommunikation, insbesondere Kabel-  625
49   fernsehen und Satellitenfernsehen. Mit der Verkabelung sind    687
50   die Voraussetzungen für eine erhebliche Ausweitung des Fern-   750
51   seh- und Hörfunkprogrammangebotes und damit die von der        806
52   Bundesregierung betriebene Förderung des Privatfunks gegeben.  870
```

Lektion 15:
Griffe ß und Zeichen ?

Tipp: Handhaltungskontrolle. Anfühltechnik anwenden.

Erarbeitung des Griffs ß und Fragezeichen

1 löpßö öpß?ö löpßö öpß?ö löpßö öpß?ö löpßö öpß?ö löpßö öpß?ö
2 ößpöl ö?ßpö ößpöl ö?ßpö ößpöl ö?ßpö ößpöl ö?ßpö ößpöl ö?ßpö

3 saßöl as?öl saßöl as?öl saßöl as?öl saßöl as?öl saßöl as?öl
4 lößas lö?sa lößas lö?sa lößas lö?sa lößas lö?sa lößas lö?sa

Festigung durch Wortübungen

5 weiß groß weiß groß weiß groß weiß groß weiß groß weiß groß
6 Gruß Stoß Gruß Stoß Gruß Stoß Gruß Stoß Gruß Stoß Gruß Stoß

7 vergaßest, vergießen, schließlich, gleichmäßig, beschließen
8 Postschließfach, verhältnismäßig, Rückäußerung, Stromstöße,

9 Stoßstange, Stoßseufzer, Stoßverkehr, Stoßgeschäft, stoßen,
10 stoßsicher, Stoßrichtung, Stoßkraft, Stoßtrupp, Stoßwaffen,

11 Schließzeiten, Schließfächer, Schließmuskel, Schließketten,
12 Grußformel, Grußadresse, grußlos, grüßen, begrüße, Grußwort

13 außerordentlich, äußerlich, außerparlamentarisch, äußerste,
14 beißen, beißwütig, Beißringe, Beißzange, Beißerei, Beißkorb

Festigung durch Wendungen

15 Postschließfächer abschließen, ziemlich heftige Stromstöße,
16 Beißkörbe für Hunde, beiß nicht in den Apfel, heiß ersehnt,

17 Süßigkeiten genießen, einige stille Genießer, roter Süßmost
18 zwei Maß Bier, er hält Maß, Maß halten, neue Maßkonfektion,

Merkregel: Schreiben Sie immer ß, niemals dafür ss. Das ist
nämlich laut Duden ein Rechtschreibfehler.

19 jemanden maßregeln, die Gläser umstoßen, größere Maßnahmen,
20 schnelle Fechtstöße, Süßmost verwahren, Grußworte notieren.

Merkregel: Man schreibt ß nur nach langem Vokal oder nach
Doppellaut, nach kurzem Vokal steht hingegen ss.

Tipp: Üben Sie möglichst regelmäßig, dann werden Sie bald flüssig und fehlerfrei schreiben können. Schreiben Sie sich immer mit Griffübungen der bisherigen Lektionen ein.

Festigung durch Geläufigkeitssätze
Schreiben Sie die Sätze auch einmal als Fließtext.

21	Will Willi im Sommerschlussverkauf wieder Süßigkeiten kaufen?	68
22	Wann muss ich die Süßwaren als Expressgut nach Kiel schicken?	68
23	Äußerten sie sich alle, ob das Fass zweckmäßig verpackt wird?	66
24	Lässt es sich wieder ermöglichen, dass alle planmäßig kommen?	65
25	Wo sind auf dem großen Kölner Hauptbahnhof die Schließfächer?	68
26	Gewiss hatten die Vertreter im Juni große Verkaufsergebnisse.	67
27	Anlässlich der Frühjahrsmesse muss Kai mit Maßnahmen rechnen.	67
28	Die neue Maßkonfektion ist letzte Woche bei uns eingetroffen.	66
29	Es ist unerlässlich, dass Sie stets mit dem Essen Maß halten.	67
30	Die Beißerei unter den Hunden hat in letzter Zeit zugenommen.	67

Lernkontrolle durch Fließtext
Textausgabemöglichkeiten durch Drucker

31	Drucker geben die Daten nach Art des Zeichenabdrucks entweder	66
32	zeichenweise, zeilenweise oder seitenweise aus. Fast ohne ein	129
33	Geräusch entstehen die Drucke bei einem Tintenstrahldrucker.	193
34	Bei diesen Druckern ist ein Tintenbehälter mit Farbflüssigkeit	260
35	vorhanden. Über eine Zuleitung wird die Farbe zur Druckstelle	326
36	gepumpt und durch feine Düsen auf das Papier übertragen. Die	390
37	Schrift ist sofort wischfest. Die beste Druckqualität liefern	455
38	die Laserdrucker. Sie drucken die Texte völlig geräuschlos	517
39	zeilen- und seitenweise aus. Laserstrahlen entladen an ganz	579
40	bestimmten Stellen einen Zwischenbildträger, der sich auf	639
41	einer mit Metallteilchen versehenen Trommel befindet. Durch	702
42	Toner, ein schwarzes Pulver, wird die Schrift sichtbar. Vor	766
43	der Anschaffung eines Druckers sind verschiedene Überlegungen	832
44	notwendig. Neben der Ausgabegeschwindigkeit, dem Preis, der	894
45	Druckqualität und den Wartungskosten sind die Druckgeräusche	958
46	von Bedeutung. Laserdrucker haben sicherlich viele Vorzüge.	1021
47	Wollen Sie einen Laserdrucker an den Computer anschließen,	1083
48	so benötigen Sie einen Druckertreiber. Diese Programmdatei	1146
49	enthält die Befehle, um die Funktionen Ihres Druckers zu	1207
50	aktivieren. Mit den zusätzlichen Informationen über Namen,	1269
51	Größe und Form der internen Schrifttypen kann die Software	1332
52	Ihren Text richtig formatieren.	1366

Accent aigu und Accent grave

Merkregel: Erst Akzente, dann Buchstaben schreiben. Der rechte kleine Finger geht über „ü" hinweg zur Akzenttaste, der sogenannten Tottaste.

Erarbeitung accent aigu ´

Achtung: Denken Sie daran, bei der Griffübung ein oder zwei Leertasten nach dem Akzentzeichen auszuführen.

1 ö'ö ö'ö ö'ö ö'ö ö'ö öä' öä' öä' öä' öä' rü' rü' rü' rü' rü'
2 lé lé lé lé lé té té té té né né né né né tré tré tré tré t

Tipp: Schreiben Sie jede Zeile 2- bis 3-mal.
Diese Seite erfordert **höchste Konzentration.**

Anwendung durch eine kleine Übung Französisch
accent aigu ´ ohne Umschaltung

3 Schönheit   beauté beauté beauté beauté beauté beauté
4 Kino   cinéma cinéma cinéma cinéma cinéma cinéma
5 Heiltrank   élixir élixir élixir élixir élixir élixir
6 Eingang   entrée entrée entrée entrée entrée entrée
7 Litze, Borte   liséré liséré liséré liséré liséré liséré
8 Markt   marché marché marché marché marché marché

9 beauté cinéma élixir entrée liséré marché musées beauté
10 beauté cinéma élixir entrée liséré marché musées beauté

Erarbeitung accent grave `

11 ö`ö ö`ö ö`ö ö`ö ö`ö öä` öä` öä` öä` öä` rü` rü` rü` rü` rü`
12 lè lè lè lè lè nè nè nè nè nè très très très très très très

Anwendung durch weitere französische Wörter
accent grave ` mit Umschaltung

13 danach   après après après après après après après
14 Bier   bière bière bière bière bière bière bière
15 teuer, lieb (f.) chère chère chère chère chère chère chère
16 Meter   mètre mètre mètre mètre mètre mètre mètre
17 da ist   voilà voilà voilà voilà voilà voilà voilà
18 sehr gut   très bien, très bien, très bien, très bien

19 après bière chère mètre voilà très après bière chère mètre
20 après bière chère mètre voilà très après bière chère mètre

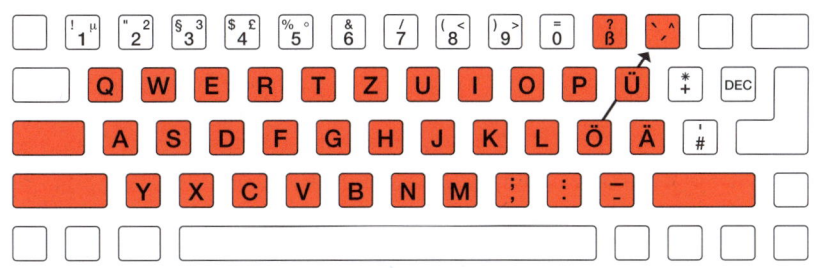

Merkregel: Die Akzente accent aigu ´, accent grave ` und accent circonflexe ^ schreiben Sie mit der so-genannten Tottaste, bei deren Anschlag sich der Schreibschritt nicht weiterbewegt.

Achtung: Das Accent-circonflexe-Zeichen erhalten Sie durch das **Zusammensetzen von accent aigu** und **accent grave**, wenn es nicht auf der Tastatur ist.

Anwendung des accent circonflexe

21	das Tier	la bête, la bête, la bête, la bête, la bête
22	das Fest	la fête, la fête, la fête, la fête, la fête
23	der Kuchen	le gâteau, le gâteau, le gâteau, le gâteau,
24	vielleicht	peut-être, peut-être, peut-être, peut-être,
25	der Kopf	la tête, la tête, la tête, la tête, la tête
26	das Hotel	l'hôtel, l'hôtel, l'hôtel, l'hôtel, l'hôtel

Merkregel: Der Akut (accent aigu) ersetzt gelegentlich den Apostroph. Beispiel: Hol's wieder.

Lernkontrolle durch französische Namen mit Akzenten

27 Béatrice, Frédéric, René, Léon, Désirée, Bougé, Théâtre,
28 Eugène, Mylène, Sèvres, Ginès, La Bohème, Thérèse, Liège
29 die Rhône, die Saône, et Côte d'Azur, an der Côte d'Azur

Verknüpfung durch deutsche Sätze mit französischen Wörtern

Tipp: Verändern Sie wieder einmal den Zeilenabstand auf 1 1/2.

30 Wir werden heute doch im Hôtel Liège in Bougé übernachten.

31 In Orange besuchen wir zuerst wieder das schöne Amphithéâtre.

32 Diesmal war die Unterkunft im Hôtel Chevalier hervorragend.

33 Nach der Fahrt durch das Rhône-Delta erreichen wir Marseille.

34 Für nächsten Freitag ist ein Tagesausflug nach Ginès geplant.

35 Ginès liegt im herrlichen Naturschutzgebiet der Camargue.

Merkregel: Sicherheit in der Anwendung der Akzente erreichen Sie nur durch häufiges Üben.

Mittestrich (Anwendung)

Der Mittestrich als **Bindestrich** in Straßennamen

Merkregel: Den Bindestrich setzt man in Straßennamen,
wenn die Bestimmung zum Grundwort aus mehreren
Wörtern besteht.

1 Kaiser-Friedrich-Ring, Albrecht-Dürer-Str., Robert-Koch-Str.,
2 Wilhelm-Busch-Straße, Kaiser-Wilhelm-Straße, St.-Georgs-Str.,
3 Bürgermeister-Lang-Straße, Sankt-Hubertus-Kai, Van-Dyck-Str.,
4 Berliner-Tor-Platz, Am St.-Georgs-Kirchhof, St.-Ursula-Platz,

5 Die Bürgermeister-Lang-Straße ist schon für den Verkehr frei.
6 Am St.-Georgs-Kirchhof steht wieder ein neues Verkehrsschild.
7 Die Buslinie der Stadtwerke verkehrt auf der Van-Dyck-Straße.
8 Die größten Schiffe ankern überwiegend am Sankt-Hubertus-Kai.

Der Mittestrich als **Gedankenstrich**

Merkregel: Der Gedankenstrich steht vor und nach einge-
schobenen Satzstücken und Sätzen, die das
Gesagte erläutern oder ergänzen.

9 Dieses Bild - es ist das bekannteste des Künstlers - wurde
10 bereits vor einigen Jahren nach Lateinamerika verkauft.

11 Er wundert sich - so schreibt er -, dass ich nur selten von
12 mir hören lasse. Er weigerte sich - leider - nach Frankfurt
13 zu kommen. Schreiben Sie - wie immer - langsam und im Takt.

14 Philipp verließ - im Gegensatz zu seinem Vater, der vierzig
15 weite Reisen bis Rom unternommen hatte - Spanien nicht mehr.

16 Er versuchte es mehrmals - aber ohne Erfolg. Hier hilft nur
17 eins - sofort operieren, sonst muss sie sicher bald sterben.

Der Mittestrich als **Streckenstrich** und „gegen"

18 Der Personenzug befuhr schon immer die Strecke Kiel - Bremen.
19 Die Flüge Frankfurt - New York - Los Angeles sind ausgebucht.

20 Das Fußballspiel Werder Bremen - Eintracht Frankfurt ist aus.
21 Bei dieser Jugendmeisterschaft spielen SK Münster - SK Brühl.

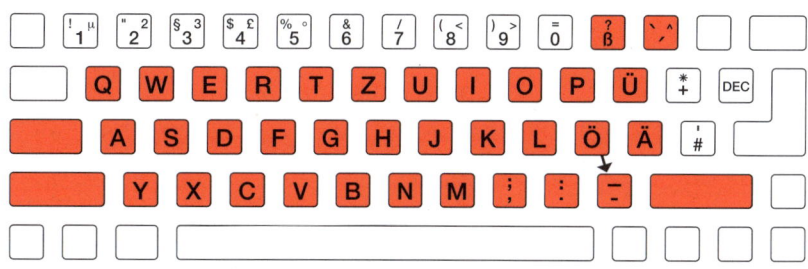

Tipp: Achten Sie immer auf die richtige Schreibweise der Straßennamen.

Merkregel: Das **erste Wort** eines Straßennamens wird immer **groß geschrieben**, ebenso alle zum Namen gehörenden Adjektive und Zahlwörter.

22 Im Trutz, Am Alten Lindenbaum, An den Drei Tannen, In dem Tal
23 Kleine Bockenheimer Straße, In der Langen Gasse, Auf dem Berg

Merkregel: Straßennamen, die aus einem **einfachen oder zu-sammengesetzten Substantiv** oder Namen und einem für Straßennamen typischen Grundwort bestehen, werden zusammengeschrieben.

24 Solche typischen Grundwörter sind: ...allee, ...ring, ...tor,
26 ...damm, ...gasse, ...promenade, ...platz, ...straße, ...weg,

26 Schlossstraße, Brunnenweg, Bahnhofstraße, Rathausgasse, Torweg
27 Bismarckring, Beethovenplatz, Augustaanlage, Stresemannplatz,

Merkregel: Straßennamen, die aus einem **ungebeugten Adjektiv und einem Grundwort** zusammengesetzt sind, **werden zusammengeschrieben.**

28 Altmarkt, Neumarkt, Hochstraße, Großmarkt, Neustraße, Altweg,

Merkregel: Straßennamen schreibt man dagegen meist **getrennt, wenn das Adjektiv gebeugt ist.**

29 Große Promenade, Langer Graben, Hohe Straße, Belgische Straße

Merkregel: Straßennamen schreibt man auch bei **Ableitungen auf -er von Orts- und Ländernamen getrennt.**

30 Münchener Straße, Bad Neuenahrer Steg, Am Saarbrücker Graben,
31 Schweizer Platz, Englischer Garten, Kölner Platz, Kieler Weg,

Lernkontrolle durch Geläufigkeitssätze mit Straßennamen

32 Herr Müller wohnt mit seiner Tochter in der Hamburger Straße.
33 Das sehr alte Rathaus der Stadt steht in der Friedrichstraße.
34 Ich glaube, Herr Kley wohnt noch am Tiefen Bach in Frankfurt.
35 In der Konrad-Adenauer-Straße gibt es viele schöne Geschäfte.

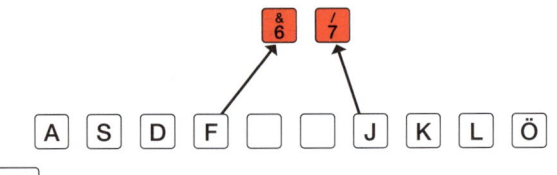

Tipp: Achten Sie darauf, dass wenigstens die kleinen Finger in der Grundstellung bleiben, wenn Sie nach oben in die Ziffernreihe greifen müssen.

Erarbeitung der Ziffern 6 und 7 und der Zeichen & und /
Schreiben Sie bitte jede Zeile der Griffübungen 3-mal.

```
 1  ju7j ft6f ju7j ft6f ju7j ft6f ju7j ft6f ju7j ft6f ju7j ft6f j
 2  ju7/ ft6& ju7/ ft6& ju7/ ft6& ju7/ ft6& ju7/ ft6& ju7/ ft6& j

 3  f6j7 f6j7 f6j7 f6j7 f6j7 f6j7 f6j7 f6j7 f6j7 f6j7 f6j7 f6j7 f
 4  f&j/ f&j/ f&j/ f&j/ f&j/ f&j/ f&j/ f&j/ f&j/ f&j/ f&j/ f&j/ f

 5  öj7j af6f öj7j af6f öj7j af6f öj7j af6f öj7j af6f öj7j af6f ö
 6  öf6a aj7ö öf6a aj7ö öf6a aj7ö öf6a aj7ö öf6a aj7ö öf6a aj7ö ö

 7  asd6 ölk7 asd6 ölk7 asd6 ölk7 asd6 ölk7 asd6 ölk7 asd6 ölk7 7
 8  6dsa 7klö 6dsa 7klö 6dsa 7klö 6dsa 7klö 6dsa 7klö 6dsa 7klö 6

 9  67&/ 67&/ 67&/ 67&/ 67&/ 67&/ 67&/ 67&/ 67&/ 67&/ 67&/ 67&/ &
10  76/& 76/& 76/& 76/& 76/& 76/& 76/& 76/& 76/& 76/& 76/& 76/& /
```

Festigung durch Ziffern in Verbindung mit Wörtern

```
11  6 Tage, 7 Jahre, 6 Tage, 7 Jahre, 6 Tage, 7 Jahre, 6 Tage, 76
12  6 Eier, 7 Biere, 6 Eier, 7 Biere, 6 Eier, 7 Biere, 6 Eier, 67

13  66 Hunde, 77 Katzen, 66 Hunde, 77 Katzen, 66 Hunde, 77 Katzen
14  67 Hunde, 76 Katzen, 67 Hunde, 76 Katzen, 67 Hunde, 76 Katzen

15  7 Jäger, 7 Jahrbücher, 7 Uhren, 7 Pferde, 7 Haushalte, 7. Tag
16  6 Jäger, 6 Jahrbücher, 6 Uhren, 6 Pferde, 6 Haushalte, 6. Tag

17  77 Lit - 77 italienische Lire, 76 Ft - 76 ungarische Forints,
18  7 skr - 7 schwedische Kronen, 67 sfrs - 67 Schweizer Franken,
19  6 nkr - 6 norwegische Kronen, 76 ikr - 76 isländische Kronen,
```

Festigung durch Satzübungen

```
20  Die Geschäfte in der Burgstraße 77 a bestehen schon 66 Jahre.
21  Die Anschriften der Besitzer waren auf Seite 676 verzeichnet.

22  Die Aufgaben stehen nicht auf Seite 67, sondern auf Seite 76.
23  Die Kapitel auf Seite 767 über die Revision sind interessant.
```

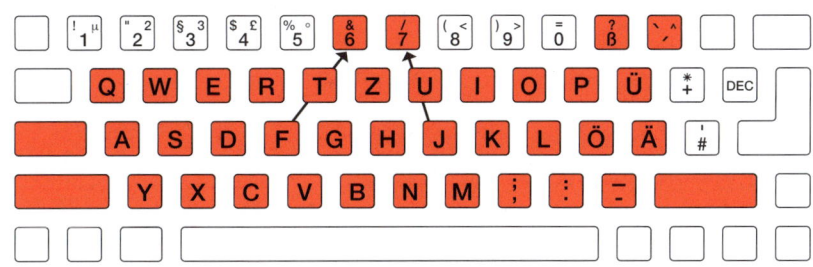

Merkregel: Das Zeichen für „und" **&** darf **nur in Firmenbezeichnungen** verwendet werden.

Der Schrägstrich / ersetzt in bestimmten
Fällen das Wort **„pro"** und **„bis"**, in einigen
Fällen auch die Wörter **„und"** bzw. **„oder"**.
Er wird aber auch als Bruchstrich verwendet.

Anwendung der Zeichen & und /

24 Meier & Sohn, Max & Müller, Weber & Schmidt, Bärman & Seide,
25 Röste & Sägemeier, Miller & Eaten, Weisgerber & Spielermann,

26 Die Firma Karl Meier & Sohn liefert immer besonders schnell.
27 Diese Druckschrift druckt die Firma Hans Müller & Co., Kiel.

28 J/K ist die Abkürzung für Joule pro Kelvin - Wärmekapazität.
29 Das Preis-/Leistungsverhältnis stimmt nie bei dieser Arbeit.

30 Für 6/6 könnten wir besser ein Ganzes einer Einheit rechnen.
31 Allerdings sind 6/7 noch kein Ganzes einer bestimmten Größe.

32 Wenn wir 7 6/7 haben, sind dies fast acht Ganze der Einheit.
33 Die Paragraphen 6/7 werden in nächster Zeit geändert werden.

34 Ein Blutalkoholgehalt von weniger als 6 o/oo ist schon viel.
35 Die Gebühr für diese Versicherung betrug in dem Jahr 7 o/oo.

Lernkontrolle durch Fließtext

36 Die Firma Engelbert Heinemann & Co., Wuppertal-Elberfeld, hat   70
37 heute ihre neue Preisliste Nr. 6 gesandt. Auf der Seite 7 ist   136
38 ein sehr schönes Sonderangebot für Gartenmöbel zu finden. Wir   201
39 können uns diese besonders günstige Ausführung einmal genauer   264
40 ansehen, bevor wir uns entscheiden, ob wir bei der Firma Hans   328
41 Klein & Sohn in Köln kaufen wollen. So ein Qualitätsvergleich   396
42 ist gewiss keine Schwierigkeit, aber auch nicht ungewöhnlich.   459
43 Wollen wir uns als Termin einmal den 6. oder 7. Mai notieren?   525
44 Haben wir bis zu diesem Stichtag noch keine attraktiven Möbel   590
45 für unsere Gartenlauben gefunden, dann ist es noch früh genug   653
46 für den Kauf. Der Sommer beginnt oft nicht im Mai. Vielleicht   720
47 können wir dann noch einen Preisnachlass von 6 oder 7 Prozent   784
48 erreichen. Die Rechnungssumme beträgt sowieso mehr als 767 €.   850

Ziffern 8 und 9, Zeichen ( )

Tipp: Üben Sie die Ziffern regelmäßig. Sehen Sie auch jetzt nicht auf die Tasten.

<u>Erarbeitung der Ziffern 8 und 9 und der Klammerzeichen</u>
Schreiben Sie jede Zeile der Griffübungen mehrmals ab.

```
 1   ju8jklö ki9klöj ju8jklö ki9klöj ju8jklö ki9klöj ju8jklö ki9kl
 2   j8ujklö k9iklöj j8ujklö k9iklöj j8ujklö k9iklöj j8ujklö k9ikl

 3   ju8ki9 ju8ki9 ju8ki9 ju8ki9 ju8ki9 ju8ki9 ju8ki9 ju8ki9 j8k9j
 4   ki98uj ki98uj ki98uj ki98uj ki98uj ki98uj ki98uj ki98uj k98jk

 5   j8jklö k9klöj j8jklö k9klöj j8jklö k9klöj j8jklö k9klö j8k9jk
 6   ft6ju8 fz7ki9 ft6ju8 fz7ki9 ft6ju8 fz7ki9 ft6ju8 fz7ki9 fz7u8

 7   fgz7 jhu8 fgz7 jhu8 fgz7 jhu8 fgz7 jhu8 fgz7 jhu8 fgz7 jhu8hj
 8   fgt6 jki9 fgt6 jki9 fgt6 jki9 fgt6 jki9 fgt6 jki9 fgt6 jki9jf

 9   ju8(j ki9)k ju8(j ki9)k ju8(j ki9)k ju8(j ki9)k ju8(j ki9)k 8
10   j8(jk k9)kj j8(jk k9)kj j8(jk k9)kj j8(jk k9)kj j8(jk k9)kj 9
```

<u>Festigung:</u> Verbindung der Ziffern und Klammern mit Wörtern

```
11   vor 8 Tagen, in 9 Wochen, vor 8 Stunden, in 9 Jahren, 89 Tage
12   vor 9 Tagen, in 8 Wochen, vor 9 Stunden, in 8 Jahren, 98 Tage

13   die Woche: a) Montag, b) Dienstag, c) Mittwoch, d) Sonnabend,
14   (Montag), (Dienstag), (Mittwoch), (Donnerstag), (Freitag), 89
```

Merkregel: Bei der Kennzeichnung von Aufzählungen folgt die Nachklammer unmittelbar auf das Zeichen.
Vor und nach Textteilen, die in Klammern einge- schlossen werden, steht kein Leerzeichen.
Klammern werden stets wie Interpunktionszeichen behandelt.

```
15   in Frankfurt (Main), siehe a) und b), (a - b) Atmosphäre (at)
16   8 - 9 Zeilen, 8 bis 9 Zeilen, Zeile 8 und 9, 8. und 9. Zeile,

17   bitte 8-fach, das 9-jährige Kind, der 89-jährige Vater, 89 t,
18   7.689 €, 7.689 EUR, € 176,00, EUR 76,00, $ 2,789, USD 2,789,
```

Merkregel: Bei USD und GBP wird nach der Tausenderstelle ein Komma und zur Abtrennung der Cent-Dezimalstellen ein Punkt gesetzt. Die Darstellung von Währungs- symbolen wie Dollar ($) und Euro (€) können durch USD und EUR ersetzt werden.

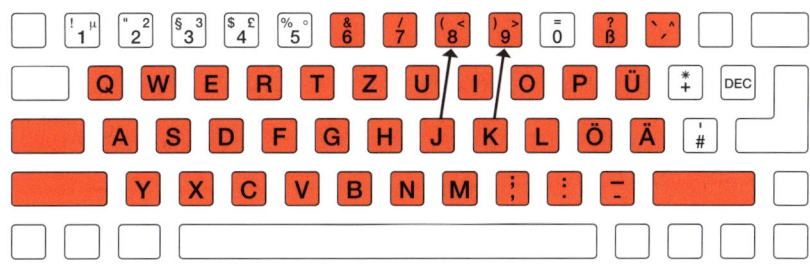

Merkregel: Falsche Zahlen verändern den Sinn des Satzes,
deshalb üben Sie Zahlen besonders gründlich.

<u>Sicherheit durch Griffübungen = Fingergymnastik</u>

```
19  ju8jki9k  j8jk9k  j8jk9k  j8jk9k  j8jk9k  j8jk9k  j8k9j  j8k9
20  k9ikj8uj  k9kj8j  k9kj8j  k9kj8j  k9kj8j  k9kj8j  j9k8j  9k8j

21  ju7jft6f  ju8jki9k  ju7jft6f  ju8jki9k  ju7jft6f  ju8jki9k  ju7jft6j
22  f6tfj7uj  k9ikj8uj  f6tfj7uj  k9ikj8uj  f6tfj7uj  k9ikj8uj  j6tf7uj

23  f6fj7j  f6fk9k  j7jk9k  f6fj8j  k9kf6f  j8jk9k  f67j9k  7j9k6f  8679k
24  j7jf6f  k9kf6f  k9kj7j  j8jf6f  f6fk9k  k9kj8j  k9j76f  f6k9j7  k9768
```

<u>Anwendung der Ziffern und Zeichen in Satzübungen</u>
Schreiben Sie jede Zeile mindestens 3-mal fehlerfrei.

```
25  Diese beiden Klammern umschließen Textteile ohne Leerzeichen.
26  Auch Präpositionen (Verhältniswörter) werden klein geschrieben.

27  Das Verb wurde oft auch als Substantiv (Hauptwort) gebraucht.
28  Am 6. Februar d. J. (dieses Jahres) erhielt ich Ihre Sendung.

29  Er war immer der Erste (dem Range nach), der durchs Ziel kam.
30  Er war immer die Nummer eins (also der Erste) beim Speerwurf.

31  Bitte bringen Sie alles mögliche Material zur Zubereitung mit.
32  Jeder könnte ja alles Mögliche zur Klärung der Lage versuchen.

33  Am frühen Morgen fuhr mein Zug bereits von Mainz nach München.
34  Am Abend erfuhren wir, dass unser Lastkraftwagen verunglückte.

35  Eine Vorwahlnummer (Ortsnetzkennzahl) setzt man in Klammern.
36  Danzig (Polen), Toulouse (Frankreich), Salzburg (Österreich)
```

<u>Lernzielkontrolle durch Fließtext</u>

```
37  Der Sachbearbeiter der Kölner Metallwerke, Herr August Klein,   68
38  ist bereits in der 7. Woche im Ausland tätig. Er überprüft in  131
39  vielen ausländischen Niederlassungen die abgeschlossenen Pro-  194
40  jekte. Sicherlich ist dies nicht immer sehr einfach. Am nächs- 258
41  ten Wochenende (also Pfingstsamstag) erwarten wir alle hier.   321
```

Tipp: Achten Sie auf die Anwendung der Klammerzeichen und die
richtige Schreibweise der Satzzeichen nach einer Klammer.

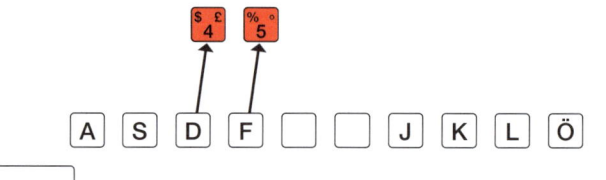

Lektion 20:
Ziffern 4 und 5, Zeichen $ und %

Erarbeitung der Ziffern 4 und 5, Dollar- und Prozentzeichen

```
1   fr5rf de4ed fr5rf de4ed fr5rf de4ed fr5rf de4d fr5f de4d fr5f
2   fr5fd de4ds fr5fd de4ds f5fds d4dsa f5dsa d4da f5as d4as f5sa

3   f5f d4d j8j k9k f5f d4d j8j k9k f5f d4d j8j k9k f5f d4d j8j 9
4   f6f j7j f5f j8j d4d k9k f6f j7j f5f j8j d4d k9k f6f j7j f5f 8

5   5f4d 8j9k 5f4d 8j9k 5f4d 8j9k 5f4d 8j9k 5f4d 8j9k 5f4d j89k 5
6   f6d4 j7k9 f6d4 j7k9 f6d4 j7k9 f6d4 j7k9 f6d4 j7k9 f6d4 j7k9 4

7   de4$d fr5%f de4$d fr5%f de4$d fr5%f de4$d fr5%f de4$d fr5%f $
8   d$4ed f%5rf d$4ed f%5rf d$4ed f%5rf d$4ed f%5rf d$4ed f%5rf %
```

Tipp: Bleiben Sie auch bei den Ziffern und Zeichen
der oberen Tastenreihe beim Tastschreiben.
Übung macht auch hier den Meister!

Festigung: Verbindung der Ziffern und Zeichen mit Wörtern

```
 9   die 4 Eichen, die 5. Reihe, die 4. Fachmesse, 5 Sonnenschirme
10   die 4 Kuchen, die 5. Riege, die 4. Buchmesse, 5 Regenschirme,

11   in 54 Tagen, alle 45 Fässer zu 405,78 €, am 5. dieses Monats,
12   in 58 Tagen, alle 49 Fässer zu 506,87 €, am 4. dieses Monats,

13   5 % Rückvergütung, eine 5%ige Rückvergütung, 5 % Zinsguthaben
14   4 $ Rückvergütung, eine 4%ige Rückvergütung, 4 $ Zinsguthaben

15   Das Prozentzeichen steht nach einem Leerzeichen hinter den je-
16   weiligen Ziffern, also 4 % Zinsen, aber in der Wortverbindung
17   ohne Leertaste, also eine 95%ige Preisminderung wird gewährt.

18   458 $ (vierhundertachtundfünfzig Dollar), 65 $ (65 Dollar).
19   Auch das Dollarzeichen ersetzt ein Wort, deshalb machen wir
20   vorher und nachher ein Leerzeichen (4 $, 5 $, 67 $, 894 $).
```

Festigung durch Geläufigkeitssätze

```
21   Der ICE-Zug kam bereits frühmorgens in Frankfurt am Main an.
22   Beim heutigen Dollarkurs kostet die Verpackung nur knapp 4 $.
23   Der Rechnungsbetrag der Firma Kleinman lautete über $ 500.00.
```

Merkregel: Die Symbole für Währungseinheiten werden im
Zahlungsverkehr vorangestellt, sonst stehen sie
hinter dem Betrag. Die internationale Währungs-
bezeichnung kann das Symbol ersetzen.

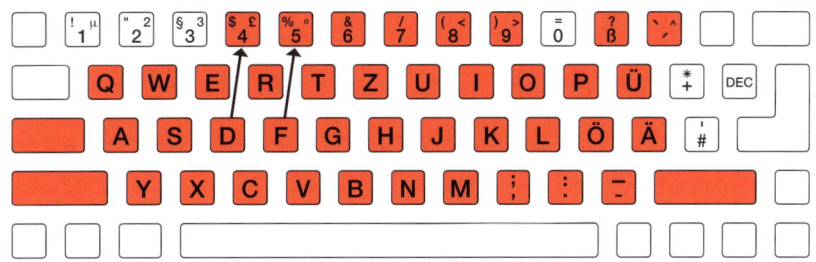

Konzentration durch Griffübungen = Fingergymnastik

```
24  ölkj8j9k8lö asdf5f4d5sa ölkj8j9k8lö asdf5f4d5sa ölkj8j9k8lö a
25  öl8k9j8jklö as5d4f5fdsa öl8k9j8jklö as5d4f5fdsa öl8k9j8jklö ö

26  r5e4w5sa u8i9o8lö r5e4w5sa u8i9o8lö r5e4w5sa u8i9o8lö r5e4w5s
27  as5w4e5r öl8o9i8u as5w4e5r öl8o9i8u as5w4e5r öl8o9i8u as5w4e5

28  gt6fr5de4sa jhz7ju8ki9lö gt6fr5de4sa jhz7ju8ki9lö gt6fr5de4sa
29  as4ed5rf6tg öl9ik8ju7zhj as4ed5rf6tg öl9ik8ju7zhj as4ed5rf6tg
```

Lernzielkontrolle durch Fließtext
Wenn Sie sich vorstellen ...

30 Beide Seiten wollen im Vorstellungsgespräch feststellen, ob	64
31 sie zueinander passen. Schon wenn die Tür aufgeht, so sind bei	130
32 beiden Antennen ausgefahren: Jede Bewegung, jede Geste ist ein	199
33 Signal, das der andere aufnimmt und dann im Unterbewusstsein	264
34 wertet. Denken wir in dem Zusammenhang an die Sinneseindrücke.	329
35 Wie sieht der andere aus, wie ist seine Stimme, wie riecht er?	396
36 Schon in den allerersten Sekunden finden Sie einen Menschen	460
37 sympathisch - oder auch nicht. Der erste Eindruck ist mithin	524
38 entscheidend. Das läuft ganz emotional ab. Im Laufe der Zeit	590
39 kann das aber - eben auf rationale Weise - korrigiert werden.	654
40 Geprägt hat aber das erste Bild. Geben Sie sich so natürlich	720
41 wie möglich, grüßen Sie freundlich, nennen Sie Ihren Namen,	785
42 bedanken Sie sich für die Einladung, lächeln Sie, halten Sie	851
43 Blickkontakt. Dann haben Sie die erste Hürde überwunden. Nun	918
44 kann es durchaus passieren, dass Sie Ihren Gesprächspartner	982
45 unsympathisch finden. Werfen Sie nicht gleich das Handtuch.	1046
46 Gerade dann müssen Sie sich Ihre Ziele, die Sie gern erreichen	1115
47 wollen, vor Augen führen. Das mag vielleicht nicht ganz leicht	1181
48 sein, aber bleiben Sie trotzdem offen und freundlich. Nach der	1247
49 Begrüßung wird oft zunächst über weniger Wichtiges gesprochen.	1313
50 Bleiben Sie dabei nicht stumm. Wenn Ihnen z. B. Kaffee oder ein	1384
51 anderes alkoholfreies Getränk angeboten wird, nehmen Sie es mit	1450
52 einem Dankeschön an. Dann wird man Fragen stellen. Antworten	1516
53 Sie so korrekt wie möglich. Am besten lesen Sie vorher nochmals	1584
54 Ihr Bewerbungsschreiben und den Lebenslauf durch, damit Sie im	1652
55 Gespräch Widersprüche vermeiden. Rechnen Sie mit Fragen zur	1718
56 Person, zu Ihren Kenntnissen und Fähigkeiten. Mit Sicherheit	1786
57 wird man Sie fragen, warum Sie sich gerade für diesen Beruf	1850
58 entschieden haben, warum Sie sich bei diesem Betrieb bewerben.	1915

Lektion 21:
Ziffern 3 und 0, Zeichen § und =

Erarbeitung der Ziffern 3 und 0, Zeichen § und =

1   sw3wsdf lo0olkj sw3wsdf lo0olkj sw3wsdf lo0olkj sw3wsdf lo0lk
2   fdsw3ws jklo0ol fdsw3ws jklo0ol fdsw3ws jklo0ol fdsw3ws los3s

3   s3sl0l s3sl0l s3sl0l s3sl0l s3sl0l s3sl0l s3sl0l s3sl0l s30ls
4   l0ls3s l0ls3s l0ls3s l0ls3s l0ls3s l0ls3s l0ls3s l0ls3s sl03s

5   s3sxs3 l0l.l0 s3sxs3 l0l.l0 s3sxs3 l0l.l0 s3sxs3 l0l.l0 s3x.0
6   s3d4fa l0k9jö s3d4fa l0k9jö s3d4fa l0k9jö s3d4fa l0k9jö s4d4l

7   s3§sdf l0=lkj s3§sdf l0=lkj s3§sdf l0=lkj s3§sdf l0=lkj 3§0=l
8   fds§3s jkl=0l fds§3s jkl=0l fds§3s jkl=0l fds§3s jkl=0l fds§3

9   § = Paragraph, §§ = Paragraphen, die §§ 3 und 4, § 34, § 304,
10 § = Paragraph, §§ = Paragraphen, die §§ 3 und 4, § 34, § 304,

Festigung der Ziffern und Zeichen

11 3 Stellen, 3 Seiten, 3 Spalten, 3 Fristen, 3 Firmen, 3 Fragen
12 30 Seiten, 30 Meter, 30 Karten, 30 Lampen, 30 Lagen, 30 Autos

13 am 30. dieses Monats = am 30. d. M.; am 30. März = am -03-30
14 am 30. dieses Jahres = am 30. d. J.; am 30. Juni = am -06-30

15 am 03-04-03 = am 3. April 03, um 03:00 Uhr und um 03:30 Uhr,
16 am 03-09-03 = am 3. Sept. 03, um 08:33 Uhr und um 08:35 Uhr,

17 30 Jacken, 40 Leute, 50 Kerzen, 60 Plätze, 70 Autos, 80 Tage,
18 90 Jacken, 34 Leute, 35 Kerzen, 36 Plätze, 37 Autos, 38 Tage,

19 am 03-04-06, am 03-05-06, am 03-09-07, am 03-05-30, am -05-30
20 am 03-06-04, am 03-06-05, am 03-07-09, am 03-05-05, am -06-30

21 Seite 303 enthält die §§ 33 und 34. Es gilt § 3 Abs. 3 Satz 5
22 Seite 330 enthält die §§ 36 und 37. Es gilt § 4 Abs. 3 Satz 7

23 300,00 EUR = 300 Europäische Union Euro, 0,30 € = 30 Cent,
24 300,30 EUR = 300 Euro und 30 Cent, 30 km, § 83, Seite 334,

Merkregel: Die numerische Schreibweise des Datums sollte
international in der Reihenfolge Jahr-Monat-Tag
(2003-11-03) erfolgen. Wenn es keine Verwechslung
gibt, ist die Reihenfolge Tag.Monat.Jahr
(03.11.2003) zulässig. Die Jahreszahl wird stets
vierstellig geschrieben.

Sicherheit durch Griffübungen

```
25   lo0lo=l sw3sw§s lo0lo=l sw3sw§s lo0lo=l sw3sw§s lo0lo=l sw3lo
26   ki9ki)k de4de$d ki9ki)k de4de$d ki9ki)k de4de$d ki9ki)k de4k9

27   fr5fr%f ju8ju(j fr5fr%f ju8ju(j fr5fr%f ju8ju(j fr5fr%f ju8j(
28   fgt6g&f jhz7h/j fgt6g&f jhz7h/j fgt6g&f jhz7h/j fgt6g&f jh7j/

29   asdf6f5 ölkj7j8 asdf6f5 ölkj7j8 asdf6f5 ölkj7j8 asdf6f5 ök7j8
30   6f5fd4d 7j8jk9k 6f5fd4d 7j8jk9k 6f5fd4d 7j8jk9k 6f5fd4d 65478
```

Sicherheit durch Wendungen

```
31   am 30. dieses Monats = am 30. d. M., am 30. September d. J.,
32   am 30. nächsten Monats = am 30. n. M., am 30. Oktober d. J.,

33   30 Kerzen liefern, 33 Lampen anzünden, 435,50 m Stoffe kaufen,
34   50 Karten zählen, 305 Lampen anzünden, 45,50 m Bretter kaufen,

35   3 Aussteller anschreiben, 39 Interessenten melden, am 13. Aug.
36   9 Aussteller anschreiben, 49 Interessenten melden, am 6. Sept.
```

Sicherheit durch Geläufigkeitssätze

```
37   Die Kaufverträge wurden wieder am 3. September d. J. erfüllt.
38   Alle 8 Aufgaben der 3. Themenreihe sind schriftlich zu lösen.

39   In den 9 Ausstellungshallen wollen 350 Aussteller ausstellen.
40   Alle fuhren die 354 km von Köln nach Baden-Baden mit dem Zug.

41   Das Buch hat 35,00 € gekostet. Der Stift kostet nur 0,80 €.
42   Das Heft soll 0,50 € kosten. Der Malkasten kostete 18,90 €.
```

Lernzielkontrolle durch Fließtext

```
43   Gymnastik verjüngt. Machen Sie jeden Tag 30 Minuten Gymnastik,
44   das stärkt die Muskeln und Sie sind frisch für den ganzen
45   langen Tag. Mit 30 fühlen Sie sich dann zehn Jahre jünger.
46   Wenn Sie frisch und erholt aussehen wollen, dann vergessen
47   Sie nie, 3 - 30 Kniebeugen vor geöffnetem Fenster zu machen.
48   Oder machen Sie 33 Spreizschritte oder Rumpfbeugen - halten
49   Sie sich zu diesem Zweck an einem Stuhl oder an einem kleinen
50   Schrank fest. Sie werden sich dann wieder topfit fühlen.
```

Lektion 22:

Ziffern 1 und 2, Zeichen ! und "

Tipp: Sehen Sie nur auf Ihre Schreibvorlage und nicht auf Ihre Finger.

Bitte benutzen Sie als Einschreibübung die Griffübungen der vorherigen Seite. Erst wenn diese fehlerlos geschrieben wurden, beginnen Sie mit den nächsten Zeilen.

Erarbeitung der Ziffern 1 und 2,
Ausrufezeichen und Anführungszeichen
Schreiben Sie jede Zeile bis zur vollständigen Sicherheit!

1 fdsaq1qa fdsaq2qa fdsaq1qa fdsaq2qa fdsaq1qa fdsaq2qa aq1q2qa
2 aq1qasdf aq2qasdf aq1qasdf aq2qasdf aq1qasdf aq2qasdf aq2q1qa

3 aq2qsw3aq1ga aq2qsde4edaq1qa aq1asw3sde4dfr5f aq2as3sd4df5f6f
4 a1a2s3d4f5f6 öß10k9j8j7 a1a2s3d4f5f6 öß10k9j8j7 a1a2s3d4f5f6ö

5 aq1!a aq2"a aq!a aq"a a!a"a aq1!a aq2"a aq!a aq"a a!a"a a!"qa
6 a!1qa a"2qa a!qa a"qa a"a!a a!1qa a"2qa a!qa a"qa a"a!a aq"!a

Festigung durch Verbindung der Ziffern mit Wörtern

7 11 Monate, 10 Muster, 20 Bücher, 12 Paare, 121 Kinder, 11 km,
8 22 Monate, 21 Muster, 29 Tücher, 21 Jahre, 221 Rinder, 21 km,

9 Menü für 12,10 €! Wechseln Sie 20,00 EUR! Ab der 2. Auflage.
10 Menü für 15,20 €! Wechseln Sie 50,00 EUR! Ab der 1. Auflage.

Merkregel: Anführungszeichen „-" werden ohne Leerzeichen vor und nach den Textteilen, die von ihnen eingeschlossen sind, geschrieben.

11 Gute Zeitschriften: „Der Techniker", „Assistenz", „Die Welt",
12 Es gibt das „Fremdwörterbuch" und den „Duden" für Schüler.

13 2 Winkelsekunden = 2", 2 Zoll = 2", Regel: Das Anführungs-
14 zeichen steht unmittelbar hinter dem Zahlenwert. Dies gilt
15 für alle hochgestellten Zeichen.

Festigung durch Satzübungen
(Jeden Satz 3-mal schreiben.)

16 Sagen Sie: „Können die Gäste auf Ihrem Schiff auch tanzen?"
17 Unser Kunde schreibt: „Der neue Wagen gefällt mir sehr gut."
18 Er las die Zeitschrift „Der Techniker" schon seit 12 Jahren.

Merkregel: Das Unterführungszeichen „ wird unter den ersten Buchstaben jedes zu unterführenden Wortes geschrieben.

Tipp: Arbeiten Sie in den nächsten Zeilen mit Tabulator (= **Tab-Taste** = ⇥).

Unterführungszeichen „

```
18  Karl möchte das Modell Nr. 12; Marga möchte Modell Nr. 21.
19  Mark  "      "    "      "  10; Irma  "      "     "  22.
20  Inge  "      "    "      "   2; Adele "      "     "  23.


21  Auguste Kleidermann, 53424 Remagen-Kripp, Bahnhofstraße 121
22  August  "           38667 Bad Harzburg,  "            245
23  Manfred "           61352 "   Homburg,   "            125


24  Wir liefern Nr. 18, Herrenanzüge aus Baumwolle zu 119,90 €
25  "   "       "   19, "          "    "       "    123,22 €
26  "   "       "   28, "          "    Leinen  "    156,20 €
27  "   "       "   90, "          "    "       "    178,95 €
```

Lernkontrolle durch Fließtext

```
30  Aus dem Büroleben. Hat Herr Kühnel angerufen? Wo ist das      65
31  neue Telexverzeichnis? Kann Frau Adelheid Gerber den Termin  133
32  verschieben? Hier Albrecht! Frau Margot Mayers-Kleinschmidt  202
33  kommt schon wieder mal zu spät! Direktor Albert Schmitt ist  267
34  bestimmt noch in der Marketing-Sitzung! Würden Sie bitte das 333
35  Gespräch schnell auf meinen Apparat umstellen? Frau Mayer,   397
36  bestellen Sie mir bitte ein Taxi! Den Termin werde ich nie   461
37  vergessen! Ich muss nun schließen. Ich rufe bald schon zurück! 528
38  Haben Sie das Protokoll der letzten Sitzung zur Hand? Haben  596
39  Sie dies notiert? Wann haben Sie das Budget fertig? Kann man 664
40  das Konzept lesen? Wo haben Sie die Tresorschlüssel wieder   728
41  hingelegt? Frau Bialeck hätte gern ihre Überstunden vergütet! 795
42  Werden Sie den Text bis 10:00 Uhr fertig haben? Bitte lesen  862
43  Sie das Stenogramm noch einmal vor! Der Brief muss unbedingt 929
44  noch heute zur Post gebracht werden! Verschieben Sie bitte   993
45  Ihre Dienstreise bis 12. nächsten Monats.                   1038
```

Merkregel: „Blindschreiben" ist Voraussetzung für das spätere Schnellschreiben.

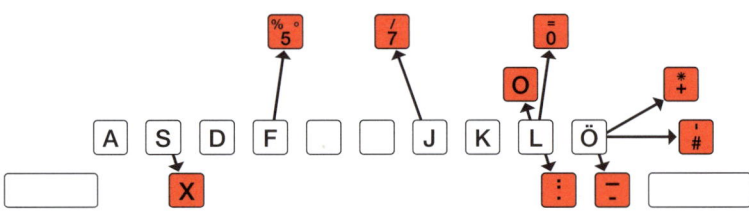

Lektion 23:
Sonderzeichen

Erarbeitung der Sonderzeichen

Da diese Sonderzeichen nicht auf allen Schreibmaschinen vorhanden sind bzw. als dritte Belegung einer Taste verwendet
werden, verzichten wir auf Griffübungen. Suchen Sie sich die
Lage der Zeichen auf Ihrer Maschine und entwerfen Sie selbst
Übungen, damit Sie diese Tasten auch ohne Blickkontakt
schreiben.

Zeichen für „geboren" * und für „gestorben" +

1   Hans Wolf   * 1930-05-15   + 1999-12-11
2   Werner Klein   * 1945-05-05   + 2000-10-21
3   Adelheid Groß   * 1952-10-01   + 2001-12-01

Zeichen für „Nummer(n)", „Nr." #
(nur in Verbindung mit darauf folgenden Zahlen)

4   Der Artikel # 679 wurde noch immer nicht geliefert.
5   Die Artikel # 687, 689 und 690 sind wieder lieferbar.
6   Alle Artikelnummern wurden zu Beginn des Jahres geändert.

Additionszeichen +, Subtraktionszeichen –
und Gleichheitszeichen =

7   7 + 12 = 19   19 - 12 = 7   12 - 19 = -7
8   7 + 3 = 10   20 - 18 = 2   18 - 20 = -2

Merkregel: Die Zeichen + und - werden als Vorzeichen ohne
folgendes Leerzeichen geschrieben.

Multiplikationszeichen . oder x und Divisionszeichen :

9   3 . 4 = 12   a . b = ab;   3 x 4 = 12;   50 : 5 = 10
10 4,5 m x 6,3 m = 28,35 m^2 5 x 6 = 30;   18 : 3 = 6

Promillezeichen o/oo und Prozentzeichen %

11 2 o/oo Maklergebühr bezahlen; aber: 2 % Skonto abziehen.
12 2 1/2 o/oo Maklergebühr   2 1/2 % Skonto abziehen.

Merkregel: Das Promillezeichen wird mit dem Kleinbuchstaben o
und dem Schrägstrich geschrieben.
Zeichen aus dem Sonderzeichenvorrat von
Textsystemen können verwendet werden.

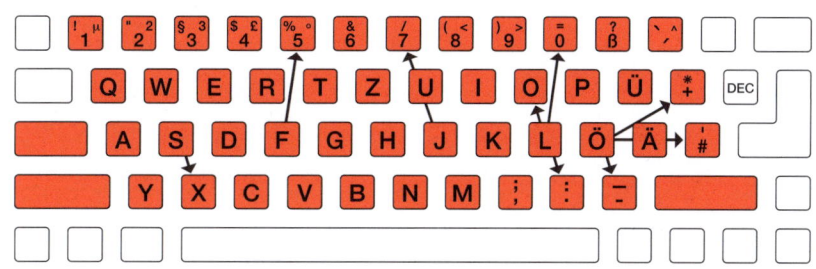

Tipp: Üben Sie die Ziffern und Klammerzeichen an dem nachfolgenden Muster zur

Gliederung und Kennzeichnung von Texten

Aus der Entwicklungsgeschichte der Schreibmaschine

1   Überblick (einschließlich Vorgeschichte)

2   Die Entwicklung der Remington (ab 1867)

3   Andere Schreibmaschinen mit Unteraufschlag,
         d. h. Typenhebel unter dem Schreibpapier
3.1   Remington (1874)
3.2   Caligraph (1880)
3.3   Yost (1887)
3.4   Smith Premier (1889)

4   Schreibmaschinen mit Oberaufschlag
4.1   Typenhebel vor der Schreibwalze
4.1.1   Bar-Lock (1888)
4.1.2   Salter (1892)
4.2   Typenhebel hinter der Schreibwalze
4.2.1   Brooks (1887)
4.2.2   Waverley (1889)
4.3   Typenhebel über der Schreibwalze
4.4   Typenhebel vor und hinter der Schreibwalze
4.4.1   Williams (1891)
4.5   Typenhebel links und rechts der Schreibwalze
4.5.1   Oliver (1896)

5   Typenstangen-Schreibmaschinen
5.1   Hammonia (1882)

6   Typenhebellose Schreibmaschinen

7   Schreibmaschinen mit Vorderaufschlag
7.1   Daugherty Visible (1890) USA

Merkregel: Alle Abschnittsnummern beginnen an derselben Fluchtlinie. Die Abschnittsüberschriften - auch mehrzeilige - beginnen an einer weiteren Fluchtlinie. Nach Abschnittsnummern folgen mindestens zwei Leerzeichen.

Lektion 24:
Abschreibübung (Fließtext)

Tipp: Schreiben Sie alles Mögliche ab, was Ihnen unter die Finger kommt. Üben Sie jeden Tag 10 bis 20 Minuten.

Sicherheit durch Abschrift längerer Fließtexte

Stellen Sie den Seitenrand links auf 25 mm und rechts auf 20 mm. Schreiben Sie als Fließtext ohne Return bzw. Zeilenschaltung den folgenden Text ab. Das Zeilenende wird automatisch geschaltet. Auch die Silbentrennung können Sie bei Textsystemen auf automatisch einstellen.

Auf die Form kommt es an! Als Visitenkarte des Absenders kann	68
man die äußere Form des Briefes bezeichnen. Der erste Eindruck	135
ist wichtig. Deshalb seien Sie großzügig mit der Platzauftei-	198
lung. Lassen Sie auf dem Briefbogen einen Abheftrand von	257
25 mm. Ihre Zeile sollte 20 mm vom rechten Seitenrand entfernt	324
enden. Ein Briefbogen wird nur einseitig beschrieben. Das	385
schönste Briefpapier wird verdorben, wenn man den Durchdruck	448
der Schrift auf der anderen Seite erkennt, also von der Vor-	510
der- auf die Rückseite durchschreibt und diese auch noch be-	570
schriftet. Es könnte auch der Eindruck entstehen, der Schrei-	633
ber sei geizig. Berichte sollten der besseren Lesbarkeit wegen	698
mit größerem Zeilenabstand geschrieben werden. Die Einteilung	763
des Briefbogens ist besonders wichtig. Die Übersichtlichkeit	827
ist entscheidend. Auf die verschiedenen Punkte wie Briefkopf,	891
Innenanschrift, Datum, Betreff, Anrede, Brieftext und Schluss-	985
formel kommt es an. Dieses alles sollte man zu einem guten Ge-	1021
samteindruck anordnen. Wie das gemacht wird, sehen Sie auf den	1086
nächsten Seiten. Nicht nur bei längeren Briefen sind Absätze	1150
wichtig. Jeder neue Gedanke beginnt mit einem neuen Absatz.	1213
Dadurch wird ein Brief erst übersichtlich und für den Leser	1276
einprägsam. Auch findet der Leser leicht zu den für ihn inte-	1338
ressanten Stellen zurück und das Lesen macht Spaß! Die Wahl	1404
des Briefpapiers ist natürlich Geschmacksache und über Ge-	1464
schmack sollte man bekanntlich nicht streiten. Auf jeden Fall	1528
müssen das Briefpapier und die Briefhülle zusammenpassen.	1588

Auf die Schrift kommt es an

Nicht jeder hat eine Handschrift, die der Empfänger auch mühe-   64
los lesen kann. Hat man diese nicht, dann schreibt man besser   127
in Druckbuchstaben oder gibt sich Mühe, damit der Leser das   190
Geschriebene auch entziffern kann. Mit dem Computer ist heute   255
ein gutes Aussehen der Briefe immer gegeben. Heutzutage kann   319

man auch Privatbriefe mit dem PC schreiben. Wenn man den Brief   325
handschriftlich unterzeichnet, ist der Persönlichkeit Genüge   388
getan. Falten Sie einen Brief immer so, dass die beschriebenen   454
Seiten nach innen liegen. Die Ränder des zusammengefalteten   517
Briefes werden so in die Hülle gesteckt, dass sie nach oben   579

liegen; so wird der Empfänger, wenn er für das Öffnen einen   642
Brieföffner benutzt, die Bogen nicht zerschneiden. Die Brief-   705
hülle sollte das korrekte Äußere für den gelungenen Inhalt   766
sein. Die Empfängeranschrift und die Rücksendeangabe sollten   830
gut lesbar mit der fünfstelligen Postleitzahl usw. (nach den   893

neuesten DIN-Vorschriften, wie wir sie auf den nächsten Sei-   958
ten beschreiben) versehen sein. Bitte nicht vergessen: Das   1021
Porto sollte ebenfalls stimmen. Falls Sie denken, der Brief   1085
könne zu schwer werden, wiegen Sie ihn lieber noch einmal nach.   1149
Schreiben Sie Briefe immer nach DIN 5008 (Schreib- und Gestal-   1219

tungsregeln für Textverarbeitung; das ist rationell und er-   1281
leichtert das Schreiben. Die Regeln werden Sie auf den nächs-   1345
ten Seiten kennenlernen.   1370

Formgestaltung nach DIN 5008 Neu

Einleitung zum zweiten Teil

Das erste Ziel haben Sie erreicht: Sie haben alle Tasten sicher im Griff. Jetzt wird es etwas schwieriger, denn nun schreiben wir Anschriften, Briefe, Aufstellungen usw. Grundlagen der Formgestaltung sind dabei die „Schreib- und Gestaltungsregeln für die Textverarbeitung" nach DIN 5008 Neu. Diese Regeln sind aus bewährten Erfahrungen der Praxis und Erkenntnissen der Rationalisierung entstanden. Dabei legt diese Norm nicht fest, „was" zu schreiben ist, sondern „wie" ein vorgegebener Sachverhalt dargestellt werden soll. Für die Rechtschreibung und Zeichensetzung wird die neueste Ausgabe des Duden (Rechtschreibung) unter Beachtung der Duden-Empfehlungen zugrunde gelegt.

Von Schulen, Industrie- und Handelskammer und dem Deutschen Stenografenbund werden in den Fächern Kurzschrift, Maschinenschreiben und Textverarbeitung bei der Bewertung der Leistungen und bei der Notengebung unterschiedliche Kriterien angesetzt, über die Sie sich in den Tabellen rechts informieren können.

Zehn-Minuten-Abschreibproben am PC

Bei der Texterfassung ist ein Fließtext im Zehnfinger-Tastsystem ohne Zeilen- und Absatzschaltung von einer maschinenschriftlichen Vorlage abzuschreiben. Die Schreibdauer beträgt zehn Minuten. Während der Texterfassung ist die Sofortkorrektur zulässig. Die Texteingabe darf zum Zwecke der Textkorrektur nicht vorzeitig beendet werden. Nach Ablauf der zehn Minuten darf der Cursor im Text nicht mehr bewegt werden. Der Text muss nach Ablauf der Zeit von der Schülerin oder dem Schüler sofort gespeichert werden.

Grundlage für die Korrektur ist der Ausdruck, der unmittelbar nach Ablauf der zehn Minuten von den Schülern angefertigt wird. Alle Abweichungen von der Vorlage gelten als Fehler (außer Abweichungen im Zeilenumbruch). Der gespeicherte Text (Datei) dient nur dann als Korrekturgrundlage, wenn aus technischen Gründen ein Ausdruck nicht möglich ist.

Bewertung für Abschreibproben auf der Schreibmaschine bei der IHK und für Abschreibproben am PC in Schulen in Rheinland-Pfalz	
Die Summe der Fehler wird in Beziehung zur Summe der Anschläge gesetzt. Die Note ergibt sich nach folgender Bewertungsgrundlage:	
sehr gut	0,000 – 0,080 % Fehler
gut	0,081 – 0,190 % Fehler
befriedigend	0,191 – 0,330 % Fehler
ausreichend	0,331 – 0,500 % Fehler
nur in Schulen	
mangelhaft	0,501 – 0,700 % Fehler
ungenügend	mehr als 0,700 % Fehler

Millimeterangaben für Zeilenanfang und Zeilenende und für maximales Zeilenende aller Schriftarten					
Bezeichnung	**Zeilenanfang**		**Zeilenende**		
	von der linken Blattkante	vom linken Rand	von der linken Blattkante	vom linken Rand	von der rechten Blattkante
Rücksendeangabe	25	0	105	80	105
Zusätze und Vermerke	25	0	105	80	105
Empfängeranschrift	25	0	105	80	105
Kommunikataionszeile bzw. Informationsblock	125	100	200	175	10
Bezugszeichenzeile Erstes Leitwort	25	0			
Zweites Leitwort	75	50			
Drittes Leitwort	125	100			
Viertes Leitwort	175	150	200	175	10
Betreff, Anrede, Text	25	0	200	175	10
Gruß und/oder Firmenbezeichnung	25	0			
Anlagen und Verteilervermerke	25 oder 125	0 oder 100	200	175	10
Einrückung	50	25	200	175	10

Angaben für Zeilenpositionen von der oberen Blattkante				
Bemerkung	Briefform A		Briefform B	
	Zeilenanfang für alle Schriftarten von der oberen Blattkante **in mm**	Zeilenanfang von der oberen Blattkante **auf Zeile**	Zeilenanfang für alle Schriftarten von der oberen Blattkante **in mm**	Zeilenanfang von der oberen Blattkante **auf Zeile**
Rücksendeangabe	27,0 (20,6)*	8	45 (46,5)*	12
Erste Zeile Zusatz- und Verteilvermerke	33,9	9	50,8	13
Erste Zeile Anschriftfeld	46,6	12	63,5	16
Erste Zeile des Informations- blocks	33,9	9	50,8	13
Leitwörter Bezugs- zeichen	80,4	20	97,4	24
Text Bezugszeichen	84,7	21	101,6	25
Betreff bei einer vorausgehenden Bezugszeichenzeile	97,4	24	114,3	28

*Die Millimeterangaben beziehen sich auf eine Zeilenhöhe von 4,23 mm (= 12 Punkt).
In der Rücksendeangabe wird die Schrift in der Regel verkleinert.

Wir schreiben Anschriften

Inhalt des **Anschriftfeldes ist die Aufschrift.** Das Anschriftfeld gliedert sich in drei Bereiche: **Feld für die Absenderangabe auch Rücksendeangaben genannt, Zusatz- und Vermerkzone, Anschriftzone.** Für die Zusätze und Vermerke zu Vorausverfügungen wie „Nicht nachsenden!", „Produktbezeichnungen", „Einschreiben" und für elektronische Frankiervermerke stehen drei Zeilen zur Verfügung. Damit stehen also sechs Zeilen für die Anschriftzone zur Verfügung, plus drei Zeilen für Zusatz- und Versendungsvermerke, plus der allerersten Zeile für die Rücksendeangaben. Die einzelnen Bestandteile der Anschrift enthalten **keine Leerzeilen.** Es wird mit Zeilenabstand 1 (einzeilig) geschrieben. Im folgenden Beispiel kennzeichnen Punkte die Anzahl der Zeilen.

• 1	Feld für Rück-sendeangabe	Höhe 5 mm
• 3 • 2 • 1	Zusatz- und Vermerkzone	12,7 mm
• 1 Empfängerbezeichnung • 2 Postfach mit Nummer (Abholangabe) oder Straße • 3 und Hausnummer (Zustellangabe) • 4 Postleitzahl und Bestimmungsort • 5 • 6	Anschriftzone	27,3 mm

|←——————— 85 mm ———————→|

Sofern mehr als 3 Zeilen in der Zusatz- und Vermerkzone oder mehr als 6 Zeilen in der Anschriftzone benötigt werden, kann der Platz der jeweils anderen Zone mitbenutzt werden. Notfalls ist die Schriftgröße zu verkleinern, jedoch soll sie nicht weniger als 8 Punkt betragen.

Ortsteilnamen dürfen in einer besonderen Zeile oberhalb der Zustell- oder Abholangabe ohne Postleitzahl vermerkt werden, nicht aber als Zusatz zum Bestimmungort. Bei der **Zustellangabe** dürfen zusätzliche Angaben zu Gebäudeteil, Stockwerk oder Wohnungsnummer, abgetrennt durch 2 Schrägstriche, angegeben werden; vor 2 Schrägstrichen ist jeweils 1 Leerzeichen einzufügen. In die **Zusatz- und Vermerkzone** dürfen ebenfalls Ordnungszeichen des Absenders eingefügt werden.

Auslandsanschriften müssen in lateinischer Schrift und in arabischen Ziffern geschrieben werden. Der Bestimmungort und das Bestimmungsland sind in Großbuchstaben zu schreiben. Die Anordnung der Bestandteile der Anschrift und deren Schreibung sind der Absenderangabe des Partners zu entnehmen. Der Bestimmungsort sollte in der Sprache des Bestimmungslandes angegeben werden (z. B. LIÈGE statt Lüttich, BUCURESTI statt Bukarest). Das Bestimmungsland steht ohne Leerzeile in deutscher Sprache und in Großbuchstaben unterhalb des Bestimmungsortes.

Empfängerbezeichnungen werden sinngemäß in Zeilen aufgeteilt. Berufs- und Amtsbezeichnungen (z. B. Direktor, Steuerberater) stehen neben „Herrn" bzw. „Frau". Akademische Grade (z. B. Dr. oder Dipl.-Ing.) stehen unmittelbar vor dem Namen. Bachelor- und Mastergrade (wie B. A., B. Sc., M. A.) werden in der Regel hinter den Namen geschrieben. Da es bei „Professor" nicht erkennbar ist, ob es sich um eine Amtsbezeichnung oder um einen akademischen Grad handelt, sollte „Prof." direkt vor dem Namen stehen. Der Untermieter gibt unter seinem Namen auch noch den Namen des Wohnungsinhabers an.

Die Nummern vor dem Zeilenanfang zeigen die Stellung der Anschrift im neunzeiligen Anschriftenfeld an.

1		1	
3		3	
2		2	
1		1	Einschreiben-Einwurf
1	Frau	1	Frau
2	Erika Ackermann	2	Hildegard Kraft
3	Bahnhofstraße 25	3	Bonner Straße 7
4	95444 Bayreuth	4	50677 Köln
5		5	
6		6	
1		1	
3		3	
2		2	
1	Nicht nachsenden	1	Postzustellungsauftrag
1	Herrn Direktor	1	Herrn
2	August Müller	2	Prof. Dr. med. Walter Kunze
3	Rosenstraße 7 // W 25	3	bei Karlheinz Groß
4	65936 Frankfurt	4	Beethovenstraße 22 // III
5		5	53115 Köln
6		6	
1		1	
3		3	
2		2	
1	Post Express	1	vorab per Fax: 02651 56789
1	Lackfabrik	1	Kaufhaus
2	Margarete Wagner	2	Fritz Schlemmer
3	Postfach 10 20 02	3	Eichendorffstraße 3
4	13511 Berlin	4	54293 Trier
5		5	
6		6	
1		1	
3	2345/cg/rg/ 83/734	3	
2	Nicht nachsenden	2	Einschreiben
1	Einschreiben	1	Persönlich/Vertraulich
1	Herrn Direktor	1	Herrn
2	Dipl.-Ing. Guido Kranz	2	Prof. Dr. Thomas Schmitz
3	i. H. Reck & Co.	3	Technische Universität
4	Pappelweg 20	4	Fakultät Elektrotechnik
5	56075 Koblenz	5	01062 Dresden
6		6	
1		1	
3		3	
2		2	
1		1	
1	Mevrouw J. de Vries	1	National Electrical
2	Poste restante A. Cuypstr.	2	Manufacturers Association
3	Postbus 88730	3	1300 North, 15th Street
4	1000 NA Amsterdam	4	ROSSLYN, VA 22209
5	NIEDERLANDE	5	USA
6		6	

Briefblätter ohne Aufdruck

Briefblätter ohne Aufdruck werden **in Anlehnung an den Geschäfts-brief B-A4** beschrieben. Links beträgt der Rand 25 mm und rechts sollte er mindestens 10 mm betragen. Die Seitenrand-Eingaben lassen sich standardmäßig in Ihrem Textverarbeitungprogramm einstellen.

Im **Textbereich** ist rechts ein Rand von bis zu 20 mm erlaubt.

Eine **Kopfzeile** von 50,8 mm(Beginn = 5. Zeile) von der oberen Blatt-kante kann für die Absenderangaben berücksichtigt werden. Neben der Anschrift kann auch die Telefonnummer, Fax-Nummer und E-Mail-Anschrift angegeben werden.

Als Alternative kann man beim Privatbrief auch einen **Informations-block** verwenden und dort neben der Telefonnummer, Fax-Nummer, E-Mail-Anschrift auch das Datum mit einer Leerzeile absetzen. Der Informationsblock beginnt bei 10 mm von der linken Blattkante.

Die **Rücksendeangabe** beginnt 45 mm von der oberen Blattkante (= 12. Zeile). Die dann folgende Anschrift wird wie beim Geschäfts-brief gestaltet.

Die **Zusatz- und Vermerkzone** beginnt in der 13. Zeile.

Das **Tagesdatum** wird mit einer Leerzeile unter der letzten Anschrift-zeile und 10 mm vom rechten Rand geschrieben, wenn kein Informations-block verwendet wird. Bitte beachten Sie, dass die **Jahreszahl** im Datum immer **vierstellig** geschrieben wird.

Die **Betreffangabe** beginnt in der 24. Zeile. Vor und nach dem Betrefftext befinden sich immer <u>zwei</u> Leerzeilen.

Der **Anrede** folgt immer <u>eine</u> Leerzeile.

Einrückungen im Brief verwenden Sie in der Regel, um besondere Text-passagen hervorzuheben. Setzen Sie die Einrückung jeweils mit einer Leerzeile vor und hinter dem eingerückten Text ab. Die Einrückung beginnt 25 mm vom linken Schreibrand. Einzeilige Einrückungen dürfen auch zentriert werden.

Der **Gruß** wird vom Text durch <u>eine</u> Leerzeile getrennt.

Der **Anlage- und Verteilvermerk** beginnt am linken Schreibrand oder 100 mm von der linken Blattkante. Als empfohlener Mindestabstand vom Gruß gelten <u>drei</u> Leerzeilen, oder falls der Vermerk 100 mm vom linken Rand geschrieben wird, gilt <u>eine</u> Leerzeile <u>vom Text</u>. Das Wort **Anlagen oder Verteilvermerk** wird durch Fettdruck hervorgehoben.

Aufgabe zur Gestaltung eines Briefes A4 ohne Aufdruck

Absenderangaben:

persönlicher Vor- und Zuname
Tagesdatum
Straße
PLZ und Ort

Empfängeranschrift:

Boutique Rosemarie
Frau Bödefeld
Marktplatz 32
56068 Koblenz

Betreff:

Meine Bestellung vom 20..-02-25

Anrede:

Sehr geehrte Frau Bödefeld,

Text:

ich bestellte den in Ihrem Prospekt vom Januar d. J. ausführlich
beschriebenen Hosenanzug Nr. 1123 in Blau-Rot kariert, Größe 36,
und zwei dazu passende Pullover in Blau und Weinrot. Leider muss
ich Ihnen sämtliche Modelle zurückschicken. **Absatz** Der Hosenanzug fiel entschieden zu groß aus. Wahrscheinlich liegt das an
der neuen Mode. Falls Sie ihn noch in Größe 34 haben, tauschen
Sie mir bitte den beiliegenden um. Ist dies nicht möglich, so
bitte ich Sie um Erstattung des Geldes. **Absatz** Die Pullover
passen beide nicht zur Farbe des Hosenanzugs, sodass ich Sie
auch in diesem Fall um einen Umtausch bitte. Als Ersatz möchte
ich den Pullover Nr. 345 in Weiß und den Pullover Nr. 412 in
Schwarz bestellen; beide in der Größe 38. **Absatz** Ich würde mich
freuen, wenn meine Bestellung bald eintrifft, denn durch die
Rücksendung brauche ich die Kleidung nun dringend, da ich in
zehn Tagen meine Koffer für den Urlaub packe. **Absatz** Mit freundlichen Grüßen **Absatz** Anlagen

Lösung der Aufgabe

```
 1
 2
 3
 4
 5   Angela Klein
 6   Bahnhofstraße 10
 7   56626 Andernach
 8
 9
10
11
12
13
14
15
16   Boutique Rosemarie
17   Frau Bödefeld
18   Marktplatz 32
19   56068 Koblenz
20
21                                        20..-03-15
22
23
24   Meine Bestellung vom 20..-02-25
25
26
27   Sehr geehrte Frau Bödefeld,
28
29   ich bestellte den in Ihrem Prospekt vom Januar d. J. ausführlich
30   beschriebenen Hosenanzug Nr. 1123 in Blau-Rot kariert, Größe 36,
31   und zwei dazu passende Pullover in Blau und Weinrot. Leider muss
32   ich Ihnen sämtliche Modelle zurückschicken.
33
34   Der Hosenanzug fiel entschieden zu groß aus. Wahrscheinlich
35   liegt das an der neuen Mode. Falls Sie ihn noch in Größe 34
36   haben, tauschen Sie mir bitte den beiliegenden um. Ist dies
37   nicht möglich, so bitte ich Sie um Erstattung des Geldes.
38
39   Die Pullover passen beide nicht zur Farbe des Hosenanzugs, so-
40   dass ich Sie auch in diesem Fall um einen Umtausch bitte. Als
41   Ersatz möchte ich den Pullover Nr. 345 in Weiß und den Pullover
42   Nr. 412 in Schwarz bestellen; beide in der Größe 38.
43
44   Ich würde mich freuen, wenn meine Bestellung bald eintrifft,
45   denn durch die Rücksendung brauche ich die Kleidung nun drin-
46   gend, da ich in zehn Tagen meine Koffer für den Urlaub packe.
47
48   Mit freundlichen Grüßen
49
50
51
52   Anlagen
```

Aufgabe: Schreiben Sie die nächsten Zeilen fehlerfrei ab und ergänzen Sie die jeweiligen Lücken in den Regeln.

Wir wiederholen die Regeln für den Privatbrief. Schreiben Sie den folgenden Text mit Zeilenabstand 1,5 cm ab.

Den Vor- und Zunamen des Absenders schreiben wir in die ... Zeile. Insgesamt stehen uns für die Kopfzeile ... mm zur Verfügung.

In der ... Zeile des Briefes beginnen wir mit der Rücksendeangabe. Das Tagesdatum wird mit einer Leerzeile unter der ... Anschrift- zeile und 10 mm vom ... Rand geschrieben. Es folgen ... Zeilen für die Zusätze und Vermerke. Dies ist die 13. Zeile von der ... Blatt- kante. Nun folgt in der ... Zeile die erste Zeile des Anschrift- feldes. Die Betreffangabe beginnt in der ... Zeile des Briefes. Nach dem Brieftext bleiben ... Leerzeilen und nach der Anrede ist ebenfalls ... Leerzeile zu beachten. Das Wort „Betreff" wird bei der Betreffangabe ... geschrieben.

Ratschläge für den Bewerbungsbrief

Es ist klar, dass wir unseren Bewerbungsbrief besonders sorgfältig schreiben. Deshalb wollen wir uns möglichst früh auf die Bewerbung vorbereiten. Der Bewerbungsbrief sollte als Privatbrief auf einem Briefblatt A4 normgerecht gestaltet sein.

Aufgabe: Schreiben Sie nach dem Textprogramm „Bewerbung" der nächsten Seiten einen Brief, der auf die nachstehende Anzeige bezogen ist. Sie könnten z. B. folgende Selek- tionsnummern benutzen: 01, 02, 03, 04, 05, 08, 12, 18, 20, 22, 25, 26, 28, 35, 36 und 38.

Zeitungsanzeige

Wir suchen zum 1. August 20..
Auszubildende für den Beruf

B Ü R O K A U F F R A U / B Ü R O K A U F M A N N
für Bürokommunikation

Wir erwarten
- hohe Leistungsbereitschaft
- Engagement für die sozialen
  Bedürfnisse unserer Versicherung
- den Willen, sich weiterzubilden
- gepflegtes Aussehen
- gute Umgangsformen

Wenn Sie sich angesprochen fühlen, senden Sie Ihre Bewerbungsunterlagen (Lebenslauf, Zeugnisse usw.) bis 20..-12-31 an die AOK „Die Gesundheitskasse", Wilhelmstraße 36, 53474 Bad Neuenahr-Ahrweiler.

Textprogramm Bewerbung
(vgl. hierzu die Aufgabe auf Seite 63)

Selektionsnummer	Volltext	Stichwort
01	...	Vor- und Zuname des Absenders
02	...	Wohnort des Absenders
03	....	Tagesdatum
04	...	Straße und Hausnummer des Absenders
05	...	Postleitzahl und Wohnort des Absenders
06	Einschreiben	Einschreiben
07	Eilzustellung	Eilzustellung
08	AOK „Die Gesundheitskasse" Geschäftsführung Wilhelmstraße 36 53474 Bad Neuenahr-Ahrweiler	AOK Ahrweiler
09	Kreissparkasse Ahrweiler Hauptstelle Wilhelmstraße 1 53474 Bad Neuenahr-Ahrweiler	Kreissparkasse Ahrweiler
10	Kreisverwaltung Ahrweiler Personalabteilung Postfach 13 69 53474 Bad Neuenahr-Ahrweiler	Kreisverwaltung Ahrweiler
11	...	weitere Anschriften
12	Bewerbung um eine Ausbildungsstelle als ...	Bewerbung um Ausbildungsstelle als
13	Bewerbung um eine Stelle als ...	Bewerbung um Stelle
14	Ihre Anzeige im Generalanzeiger vom ...	Anzeige im Generalanzeiger
15	Ihre Anzeige in der Rhein-Ahr-Rundschau vom	Anzeige Rundschau
16	Sehr geehrter Herr ...,	Herr ...
17	Sehr geehrte Frau ...,	Frau ...
18	Sehr geehrte Damen und Herren,	Damen und Herren ...

Selektions-nummer	Volltext	Stichwort
19	Ich beziehe mich auf Ihre Anzeige und bewerbe mich bei Ihnen.	Anzeige
20	Sie suchen zum ... eine(n) Auszubildende(n) als ... Ich bewerbe mich bei Ihnen.	suchen zum ... Auszubildende(n) als ...
21	Bei Ihnen ist zum ... eine Stelle als ... zu besetzen. Ich bewerbe mich bei Ihnen.	zum ... Stelle als ...
22	Gern sende ich Ihnen folgende Bewerbungsunterlagen:	folgende Bewerbungsunterlagen
23	Meiner Bewerbung füge ich bei:	Bewerbungsunterlagen beifügen
24	1 handschriftlichen Lebenslauf	Lebenslauf (Handschr.)
25	1 Lebenslauf in Tabellenform	Lebenslauf (Tabelle)
26	1 Zeugniskopie	1 Zeugniskopie
27	... Zeugniskopien	... Zeugniskopien
28	1 Lichtbild	Lichtbild
29	...	andere Unterlagen
30	Mein Klassenleiter, Herr ..., ist bereit, Auskunft über mich zu erteilen.	Auskunft Herr ... (Klassenleiter)
31	Meine Klassenlehrerin, Frau ..., ist gern bereit, Ihnen Auskunft über mich zu erteilen.	Auskunft Frau ... (Klassenlehrerin)
32	Auskunft über mich erteilt Herr ...	Auskunft Herr ...
33	Auskunft über mich erteilt Frau ...	Auskunft Frau ...
34	Bitte prüfen Sie meine Unterlagen und teilen Sie mir einen Vorstellungstermin mit.	Termin für Vorstellung
36	Mit freundlichen Grüßen	Grüße
37	Freundlichen Gruß	Gruß
38	Mit freundlicher Empfehlung	Empfehlung
39	... Anlagen	... Anlagen

Verschiedene Aufgaben als Muster einer Bewerbung

Aufgabe: Schreiben Sie nachfolgende Bewerbungen in Form DIN 5008 Neu

Absender: Modegrafikerin
Antonia Kleidermann
Speerstraße 7
54311 Trierweiler

Empfängerin: Modehaus
Karl Moses
Postfach 12 30
54202 Trier

Ihre Anzeige „Modegrafikerin gesucht"
Sehr geehrte Damen und Herren, aus den beigefügten Bewerbungsunterlagen können Sie ersehen, dass ich die von Ihnen gewünschten
Fähigkeiten mitbringe. Ich habe die Modeschule mit Erfolg besucht
und konnte mir in dreijähriger Tätigkeit als Modegrafikerin bei
der Firma Schöller in Trier-Ehrang gute Kenntnisse in allen ein-
schlägigen Fachgebieten erwerben. Meine Fähigkeiten liegen in der
selbstständigen Inserats- und Prospektgestaltung. Das figürliche
Zeichnen und Entwerfen beherrsche ich ebenfalls recht gut.
Arbeitsproben liegen zu Ihrer Information bei. Für eine baldige
positive Entscheidung danke ich Ihnen im Voraus. Mit freundlichen
Grüßen, Anlagen, ... Zeugniskopien, 1 Lebenslauf

Absender: Werbeassistent
Erich Heinemann
Taunusstr. 5
65193 Wiesbaden

Empfänger: Rheinischer Verlag
Postfach 45 60
40036 Düsseldorf

Ihre Anzeige in der Frankfurter Allgemeinen Zeitung vom ...
Sehr geehrte Damen und Herren, ich bewerbe mich um die Stelle
eines Werbeassistenten in Ihrem Verlag. Nach erfolgreichem Besuch
der zweijährigen höheren Berufsfachschule Wirtschaft und drei
Jahren Meisterschule für Grafik trat ich in die Redaktion einer
Frankfurter Handelszeitung ein. Dort bin ich heute noch in unge-
kündigter Stellung tätig. Meine jetzige Stellung bietet mir jedoch keine ausreichenden Möglichkeiten zur Entfaltung meiner
Fähigkeiten, deshalb möchte ich mich verändern. Einige Arbeitsproben, die ich in Bild und Text gestaltet habe, lege ich bei.
Ich werde mich freuen, wenn Sie mir Gelegenheit zu einem Vor-
stellungsgespräch geben, bei dem wir auch über meine Gehaltsvor-
stellungen sprechen können. Mit freundlichem Gruß, ... Anlagen

---

Absender: Sekretärin
Anna Lorenz
Gartenstraße 30
67063 Ludwigshafen

Empfänger: Bürofachgeschäft
Werner Battler
Mühlenweg 15
67067 Ludwigshafen

Sehr geehrter Herr Battler, aufgrund Ihres Schaufensteraushangs
„Sekretärin gesucht" sende ich Ihnen als Anlage meine Bewerbungsunterlagen. Ich bin geprüfte Sekretärin IHK und habe gute Waren-
kenntnisse in Schreibwaren und Büromaschinen. Zuletzt war ich
Sekretärin bei der Firma Linden & Co. in Mannheim. Diese Stellung
gab ich damals aus privaten Gründen (Heirat) auf. Alle weiteren
Informationen entnehmen Sie bitte meinem Lebenslauf und den Zeugniskopien. Ich könnte sofort mit der Arbeit beginnen. Mit freundlichen Grüßen, ... Anlagen

B a r b a r a   K l e i n
Olpener Straße 23
51109 Köln-Merheim
Telefon 0221 843857
E-Mail B.Klein@t-online.de

Passbild		

Lebenslauf

Persönliche Daten	06.06.1985	geboren in Krefeld
Schulbildung	1991 – 1995	Hauptschule in Krefeld
	1995 – 2001	Realschule in Köln-Merheim
	2001 – 2004	Ausbildung als Hotelkauffrau im Maritim Hotel in Köln
Berufstätigkeit	2004 – 2005	Hotel „Der Adler" in Bonn Rezeptionistin
	2005 – 2006	Hotel „Neuer Anker" in Kiel Hotelsekretärin
	2007 – 20..	Hotel „Drei Kronen" in Köln Empfangssekretärin
Auslandsaufenthalt	2006 – 2007	Sprachstudium in England

Weitere Qualifikationen

PC-Kenntnisse	Microsoft Office (Word 2007, Excel, PowerPoint, Outlook)
Anlage 1	Sekretärinnenkurs IHK
Anlage 2	Kurs in englischer Stenografie
Anlage 3	Sprachkurs in England
Anlage 4	Leistungsnachweis Maschinenschreiben (Urkunde Deutsche Meisterschaft 2005)

Merkregel: Heute ist es üblich, den Lebenslauf in tabellarischer Form zu schreiben. Handschriftliche, ausführliche Lebensläufe sind unüblich und sollten nur abgegeben werden, wenn sie die Stellenanzeige ausdrücklich verlangt. Gleiches gilt für die Angaben der eigenen Konfession sowie der Namen und Berufe der Eltern.

Zwei Aufgaben zum Lebenslauf

1. Frau Gudrun Schules, geb. 1975-05-10 in Bonn-Bad Godesberg,
    wohnhaft in 28307 Bremen, Harzstraße 2, bewirbt sich als
    Verkaufsleiterin in einem Einrichtungshaus.

Schulen:	1985 - 1989	Hauptschule in Bonn-Bad Godesberg
	1989 - 1992	Ausbildung als Dekorateurin im Kaufhaus Hertie, Bonn-Bad Godesberg
	1992 - 1996	Dekorateurin im Modehaus Hilbert in Bonn-Bad Godesberg
	1996 - 1997	Dekorateurin im Einrichtungshaus Reuter in Köln-Ehrenfeld
	1997 - 1998	Hausfrau - während dieser Zeit Abendschule für Inneneinrichtung in Köln
	1999 - 20..	Inneneinrichterin im Möbelhaus Starke, Bremen

    Sonstiges: Abendkurse in Pädagogik I - III
    Rhetorikkurs „Reden leicht gemacht"
    Selbststudium Psychologie und Menschenführung
    (mit Abschlussdiplom)
    Führerschein Klasse III

---

2. Herr Thomas Hardt, geb. 1965-06-17 in Offenburg, wohnhaft in
    50667 Köln, Am Hahnentor 12 a, bewirbt sich als Werksleiter bei
    einer großen Automobilfirma.

Schule:	1971 - 1979	Hauptschule in Offenburg
	1979 - 1982	Ausbildung als Automechaniker bei der Firma Bull in Offenburg
	1982 - 1988	als Geselle bei der Firma Vogt in Durbach bei Offenburg
	1988 - 1995	als Geselle und Autoverkäufer bei der Firma Peterson in Köln
	1995 - 2000	als KFZ-Meister und 1. Autoverkäufer bei der Firma Peterson (da KFZ-Meister gemacht)
	2000 - 2001	Filialleiter im Kölner Außenbezirk bei der Großfirma Carstens
	2001 - 2002	weiterhin für die Firma Carstens als Verkaufsleiter in Amerika
	2002 - 20..	für die Großfirma Carstens Verkaufsleiter in Mexiko

    Sonstiges: Führerschein Klasse I, II, III und IV
    Sprachkurse Englisch I - III
    Sprachkurse Französisch I und II

Briefhüllen

Briefhüllen werden ebenso ausgerichtet wie alle anderen Schriftstücke.

**Gliederung der automationsgerechten Aufschrift
einer Standardbriefsendung**

postalische Absendeangaben Klebezettel und Vermerke		**Frankierzone** Höhe 40 mm Breite mindestens 74 mm
(Abstand der Aufschrift bzw. des Fensters vom Rand der Sendung mindestens 15 mm)	**Lesezone** (Länge der Anschrift höchstens 100 mm) (Abstand der Anschrift – auch bei Fensterbriefhüllen – vom rechten Rand der Sendung mindestens 140 mm)	(Abstand der Anschrift vom oberen Rand und vom rechten Rand mindestens 15 mm)
	Codierzone Höhe 15 mm, Breite 150 mm	

Merkregel: Sofern die **Rücksendeangaben** nicht auf der Briefhülle aufgedruckt sind, erscheinen diese in der ersten Zeile der Fensterbriefhülle. Die **Anschrift** selbst ist dann normgerecht im Brief zu gestalten.

In der Praxis gibt es Briefhüllen unterschiedlicher Formate. Seit 1998 gibt es keine Eilzustellung im klassischen Sinn mehr. Dieser Dienst wurde – sowohl für Briefe als auch Pakete – durch „Post Express GmbH" übernommen. Post Express befördert die Sendung wie eingeschrieben; mit schriftlichem Beleg und ggf. eigenhändig. Die Einlieferung und Bezahlung (keine Postwertzeichen oder Freistemplung) erfolgt bei den Postfilialen oder auf Wunsch durch Abholung. Die Post hält dafür einen Aufkleber bereit, der links neben die Empfängeranschrift geklebt wird.

Aufgaben für die Gestaltung von Anschriften

1. Herrn Notar Andreas Weiler, Wilhelm-Busch-Straße 38,
   60431 Frankfurt am Main

2. Mlle Marie-Louise Giraud, Rue de Lauriston, 59000 Lille,
   FRANKREICH

3. Fotohaus Wagner, Postfach 44 55, 12006 Berlin

4. Auskunftei Alwine Vikarius, Privatweg 1, 50677 Köln

5. Herrn Dietmar Schimmelpfennig, Alte Frankfurter Gasse 9,
   48101 Münster

6. Herrn Dipl.-Ing. Gerd Matzdorf, Kaiser-Wilhelm-Straße 5,
   56070 Koblenz

7. Chemische Fabrik Münz & Co., Friedrich-Ebert-Anlage 2,
   48153 Münster

8. Familie Prof. Dr. Donald Keegan, Parzivalanlage 20,
   22147 Hamburg

9. Persönlich, Herrn Direktor Edgar Ackermann, Große Bleiche 6,
   58093 Hagen

10. Infobrief, Technische Hochschule, Abteilung Verwaltung,
    Rheinallee 11, 56075 Koblenz

11. Aerogramm, Modehaus Peter Feldmann, Am Markt 11,
    45481 Mühlheim

12. Schreiben Sie Ihre eigene Anschrift.

13. Schreiben Sie die Anschrift Ihrer Firma, Schule usw.

Tipp: Nehmen Sie das Beschriften der Briefhülle sehr genau.
Der erste Eindruck, den der Empfänger so erhält, kann
entscheidend sein.

Regeln für den Geschäftsbrief A4 nach DIN 5008 Neu

Allgemeines

Da für Geschäftsbriefe vielfach sogenannte „Dokumentvorlagen" verwendet werden und ebenfalls Papiervordrucke kaum noch benutzt werden, wird im Folgenden die Bezeichnung Vorlage verwendet. Für andere Vorlagen sind die folgenden Abschnitte entsprechend anzuwenden.

Schriftarten, -größen und -stile

Gute Lesbarkeit steht bei der Gestaltung von Schriftstücken an erster Stelle. Ebenso ist auf die Kopierbarkeit und die Faxfähigkeit zu achten. Deswegen sind im fortlaufendem Text Schriftgrößen unter 10 Punkt sowie ausgefallene Schriftarten zu vermeiden.

Formate

Bei den Vorlagen für Geschäftsbriefe sind zwei Formen zu unterscheiden.

Form A = hochgestelltes Anschriftfeld
Form B = tiefgestelltes Anschriftfeld

Zeilenanfang und Zeilenende

Der Brieftext beginnt 25 mm vom linken Seitenrand des Briefbogens. Die Zeile sollte 20 mm vom rechten Seitenrand entfernt enden. Erlaubt ist, den rechten Rand bis auf ca. 10 mm zu verkleinern. Es ist jedoch möglich, dass Ihr Drucker am Rand nicht mehr richtig druckt.

Zeilenabstand

Der Zeilenabstand bei Geschäftsbriefen ist immer einzeilig. Größere Zeilenabstände sind lediglich zulässig für Berichte, Gutachten, Doktorarbeiten und ähnliche längere Texte.

Bezugszeichenzeile

Die typischen Angaben einer Bezugszeichenzeile sind:

Ihre Zeichen, Ihre Nachricht vom
Unsere Zeichen, unsere Nachricht vom
Telefon, Name
Datum

Wenn auf den Briefbogen der Firma die Bezugszeichenzeile vorgedruckt ist, geben Sie die individuellen Angaben direkt in die Zeile darunter ein. Das jeweils erste Zeichen der Eingabe bildet eine Fluchtlinie mit dem jeweiligen Leitwort. Mehrere Bezugsangaben zu einem Leitwort werden mit Komma voneinander getrennt.

Die Leitwörter stehen in einem Abstand von 25/75/125 und 175 mm von der linken Blattkante entfernt. Sie befinden sich mit einem Abstand von zwei Leerzeilen unter dem Anschriftfeld. Zweizeilige Leitwörter wie für „Telefon, Namen und Hauptanschlussnummer" sollten eine Schriftgröße von 6 Punkt haben. Ansonsten empfiehlt die DIN 8 Punkt. Nicht benötigte Leitwörter dürfen entfallen. Sie dürfen aber auch ergänzt oder verändert werden (Steuernummer, Aktenzeichen, Zimmer, Bearbeiter).

Beispiel:

Ihre Zeichen, Ihre Nachricht vom	Unsere Zeichen, unsere Nachricht vom	Telefon, Name 02641 2345-	Datum
mk-aw, 15.01.2013	pr-f	230, Ria Kraus	18.01.2013

Kommunikationszeile – Informationsblock

Der Briefkopf mit Bezugszeichenzeile darf durch einen Informationsblock ergänzt werden. Dieser beginnt in Höhe der ersten Zeile des Anschriftfeldes auf Position 100 mm von der linken Blattkante entfernt. Dadurch können zusätzliche Kommunikationsmöglichkeiten außer dem Telefon aufgeführt werden, z. B. Telefax und E-Mail.

Beim Briefbogen ohne Bezugszeichenzeile könnte der Informationsblock wie folgt aussehen.

Beispiel:

Klaus Mustermann, Bahnhofstr. 2, 55126 Mainz

.
.
.
.
.
.
.
.

Ihre Zeichen: hw-lf
Ihre Nachricht vom: 2013-01-16
Unsere Zeichen: mk-kw
Unsere Nachricht vom: 2013-01-14
Name: Beate Weiß
Telefon: 08131 52578
Mobil: 170 12345
Telefax: 08131 9876
E-Mail: kmustermann@gmx.de

Datum: 20..-01-20

Die Angaben im Informationblock werden unmittelbar mit einem Leerzeichen vom jeweiligen Leitwort abgesetzt. Es ist aber auch zulässig hinter den Leitwörtern, mit einer einheiltichen Tabulatorposition zu arbeiten. Dann stehen die Angaben in einer Fluchtlinie und sind etwas übersichtlicher.

Beispiel:

Ernst Lange, Büromöbel KG, Bergstraße 10, 54292 Trier

Deutsche Post PC STAMPIT A001000D56 2.15-EUR 2011-02-14 MUSTER

R RN 00 000 000 0DE 200 M U S T E R

Vorgangsnummer:	EL-T-2013-103

EINSCHREIBEN EINWURF

.

Fischer & Söhne KG.
Frau Renate Mustermann
Postfach 85 36 29
65915 Frankfurt

.

Gesprächspartner:	Guido Klein
Abteilung:	Verkauf
Telefon:	0651 17425-123 .
Telefax:	0651 52375-222
E-Mail:	g.klein@t-online.de
Internet:	www.büromöbel-Lange.de
.	
Datum:	2013-04-15

Der Informationsblock ist variabel und muss nicht alle Leitwörter enthalten. Die Leitwörter sollten mit Leerzeilen gruppiert werden.

Betreff und Teilbetreff

Die Betreffzeile ist eine kurze Inhaltsangabe des ganzen Briefes, beginnt an der Fluchtlinie und wird durch Fettdruck hervorgehoben. Der Wortlaut des Betreffs (z. B. Angebot, Bestellung usw.) wird ohne Schlusspunkt geschrieben und kann bei längerem Text auf mehrere Zeilen aufgeteilt werden. Die Betreffzeile wird nicht durch das Wort „Betreff" oder Ähnliches eingeleitet.

Der Teilbetreff beginnt ebenfalls an der Fluchtlinie und bezieht sich auf einen Briefteil. Er schließt aber mit einem Punkt und wird durch Fettdruck hervorgerufen.

Anrede und Text

Zwischen der Betreffzeile und der Anrede befinden sich zwei Leerzeilen. Ist der Empfänger namentlich bekannt, sollte die Anrede aus Gründen der Höflichkeit Titel und Namen erhalten. Eine Anrede endet mit einem Komma.

Der Brieftext wird, falls erforderlich, durch eine Leerzeile in Absätze gegliedert.

Gruß und Unterschriftsblock

Der Gruß beginnt an der Fluchtlinie und wird vom Text durch eine Leerzeile getrennt. Der Unterschriftsblock enthält:

- Grußformel (z. B. „Mit freundlichen Grüßen", „Freundlichen Gruß", „Mit freundlichen Grüßen aus München", „Mit den besten Wünschen für ein schönes Wochenende")

- Bezeichnung des Unternehmens oder der Behörde. Den Namen der Firma oder der Behörde können Sie durch Fettdruck hervorheben und auf mehrere Zeilen verteilen.

- Zusätze (z. B. i. A., i. V., ppa., Im Auftrag) stehen zwischen der Bezeichnung des Unternehmens und der maschinenschriftlichen Namenswiedergabe oder vor der Namenswiedergabe in derselben Zeile.

- handschriftliche Unterschrift

- maschinenschriftliche Angaben zum (zu den) Unterzeichner(n)

Anlagen- und Verteilvermerke

Nicht alle Anlagen müssen einzeln aufgeführt werden. Es genügt, wenn Sie das Wort „Anlage" oder „Anlagen" schreiben. Wenn Sie Anlagen einzeln angeben, so muss dies komplett geschehen. Es sollten also nicht nur bestimmte Anlagen erwähnt werden.

Die Wörter *Anlage(n)* und *Verteiler* sollten durch Fettdruck hervorgehoben werden. Der Mindestabstand zur vorstehenden Firmenangabe sollte drei Leerzeilen und zur Namenswiedergabe eine Leerzeile betragen. Falls bei Platzmangel mit dem Anlagevermerk bei 125 mm vom linken Blattrand begonnen wird, ist dieser mit einer Leerzeile vom Text zu schreiben.

Der *Verteilvermerk* folgt dem Anlagenvermerk nach einer Leerzeile. Bei Platzmangel darf sie auch entfallen.

Frau
Magdalena Jacobs
Neumannstraße 28
13189 Berlin

Ihr Zeichen, Ihre Nachricht vom	Unser Zeichen, unsere Nachricht vom	Telefon, Name	Datum
	mk-it	224	20..-02-15

Einladung zum Fototermin

Sehr geehrte Frau Jacobs,

nochmals unseren herzlichen Glückwunsch! Wie ich Ihnen bereits am Telefon mitteilte, haben Sie beim großen Astor-Schönheitswettbewerb gewonnen.

Zur offiziellen Preisverteilung laden wir Sie für Freitag, den 27. März 20.. nach München ein. Hier wartet noch eine besondere Überraschung auf Sie. Fahrtkosten und Spesen gehen selbstverständlich zu unseren Lasten.

Und so wird unser vorgesehenes Programm ablaufen:

       Am Freitag, dem 27. März 20.., um 10:00 Uhr

hole ich Sie vom Münchener Flughafen ab. Von dort geht es zum Fotostudio Flück, Bundesallee 19. Nach der Gratulation durch den Generalvertreter der Firma Astor findet ein gemeinsames Mittagessen mit den anderen Gewinnerinnen im Zentralhotel statt.

Am Nachmittag wird der Fotograf Aufnahmen von Ihnen und den anderen Gewinnerinnen des „Schönheitswettbewerbs" machen. Als Honorar für die Aufnahmen überreichen wir Ihnen dann einen Scheck über 1.000 €.

Wir freuen uns auf Ihren Besuch in München und wünschen Ihnen eine angenehme Anreise. Selbstverständlich stehen wir Ihnen für Rückfragen jederzeit zur Verfügung.

Mit freundlichen Grüßen

Astor-COLLECTION
Presseabteilung

Linda Kleinschmidt

Herrn Generalvertreter
Manfred Sebastiany
Bahnhofstraße 8 c
76137 Karlsruhe

Ihr Zeichen, Ihre Nachricht vom	Unser Zeichen, unsere Nachricht vom	Telefon, Name	Datum
	py-kr	223, Müller	20..-05-15

Neue Stoffkollektion

Sehr geehrter Herr Sebastiany,

wie Sie schon in der Besprechung der Außendienstmitarbeiter am 5. dieses Monats in Stuttgart erfahren haben, werden wir vom 1. Juli dieses Jahres an einige neue Modelle aufnehmen und dafür mehrere alte Modelle aus unserem Fabrikationsprogramm streichen. Alle Stoffkollektionen werden mit dem 30. Juni dieses Jahres ungültig.

Sie erhalten rechtzeitig Muster unserer neuen Stoffkollektionen. Natürlich wollen wir nach besten Kräften versuchen, alle Bestellungen über Stoffe aus der alten Kollektion noch zu berücksichtigen. Zurzeit werden die neuen Preislisten und Prospekte gedruckt. Das gesamte Werbematerial erhalten Sie voraussichtlich noch im Laufe dieses Monats.

Bei dieser Gelegenheit bitten wir Sie, künftig besonders auf Folgendes zu achten: Bei allen Modellen mit Rohrgeflecht muss genau angegeben werden, welche Holz- und Rohrfarbe der Kunde wünscht. Wir können keine Reklamationen anerkennen, die durch falsch ausgefüllte Auftragszettel entstanden sind.

Mit freundlichen Grüßen

MÖBELFABRIK
MAX FEINIGER & CO KG

ppa.

Dr. Pauly

Geschäftsräume   Telex   Telegramm-Kurzanschrift   Konten

Fabrik für Haushaltsmaschinen
Wilhelm Baumann & Co. KG
Postfach 45 67
54235 Trier

Ihr Zeichen: no-be
Ihre Nachricht vom: 20..-04-21
Unser Zeichen: rh-kl
Unsere Nachricht vom: 20..-04-25

Name: Herr M. Meyer
Telefon: 02641 122-**1234**

Datum: 20..-04-26

Haushaltsmaschinen und Küchengeräte

Sehr geehrte Damen und Herren,

Sie haben unseren großen Auftrag noch nicht ausgeführt, obwohl Sie unsere Bestellung rechtzeitig erhalten haben. Am 15. d. M. hatten wir bei Ihrem Frankfurter Bezirksvertreter verschiedene Haushaltsmaschinen und Küchengeräte bestellt.

Sie hatten unseren Auftrag mit Ihrer Bestellungsannahme vom 21. d. M. bestätigt. Sie haben keine Lieferzeit angegeben. Wir mussten also annehmen, dass Sie unseren Auftrag in kurzer Zeit erledigen. Nun warten wir immer noch auf die Lieferung.

Die Waren sind für die Großküche einer bedeutenden Firma bestimmt. Wir haben den Auftrag nur erhalten, weil wir der Firma die Lieferung bis spätestens 4. Mai zugesagt hatten. Das hatten wir Ihrem Bezirksvertreter ausdrücklich erklärt.

Hat Ihr Mitarbeiter unseren Lieferwunsch nicht mitgeteilt? Auf jeden Fall bitten wir Sie, uns die Haushaltsmaschinen und Küchengeräte sofort zu liefern. Leider haben Sie uns schon mehrmals lange warten lassen.

Mit freundlichen Grüßen

Großhandlung
Alfred Liesenfeld & Söhne

ppa. Rheinfeld

Marina-Kosmetik
Frau Elisabeth Klein
Uferstraße 40
24106 Kiel

Ihr Zeichen, Ihre Nachricht vom	Unser Zeichen, unsere Nachricht vom	Telefon, Name	Datum
	as-wo		20..03-19

Sonderhefte

Sehr geehrte Frau Klein,

die Kd-Redaktion wird dieses Jahr am 15. Juli und 15. August ein gesondertes Themenheft herausbringen. Als Schwerpunkt des ersten Heftes haben wir das Thema „pflegende Kosmetik" gewählt. Für den 15. August ist „dekorative Kosmetik" als Hauptthema vorgesehen.

Diese Sonderhefte sollen einen besonderen Kundenkreis ansprechen. Die Themen werden nach folgenden Gesichtspunkten gegliedert:

- Vorstellung neuer Produkte
- Marktübersicht
- Fachartikel
- Marktindex

Marktindex. Er soll unseren Lesern als Jahres-Orderhilfe für pflegende und dekorative Kosmetik dienen. Zur optimalen Ausgestaltung bitten wir Sie, uns folgende Angaben zu machen:

1. genaue Firmenbezeichnung und Anschrift
2. Namen und Fotos Ihrer leitenden Angestellten für die Bereiche Geschäftsführung, Marketing und Verkauf
3. Auflistung Ihrer Produkt-Kollektionen, und zwar gegliedert nach Linien und Referenzen

Wir wären Ihnen dankbar, wenn Sie uns möglichst rasch die entsprechenden Informationen zukommen lassen könnten.

Mit freundlichen Grüßen

Kd-Redaktion
Drogeriewaren-Fachmagazin

Ulrike Assmann

Landwirtschaftliche Großhandlung
Gebrüder Kleidermann KG
Postfach 19 10 83
60051 Frankfurt

Ihr Zeichen, Ihre Nachricht vom	Unser Zeichen, unsere Nachricht vom	Telefon, Name	Datum
	re-ki	211	20..-03-12

Neue Kundenfachzeitschrift

Sehr geehrte Damen und Herren,

Sie kennen die Zeitschrift „Technik und Landwirtschaft". Wir haben
uns entschlossen, diese Zeitschrift zu übernehmen und zu einer wirk-
samen Kundenfachzeitschrift auszubauen. Es ist uns gelungen, die
Redaktion für diese neue Aufgabe zu gewinnen.

Sie erhalten heute die Probenummer, die wir nur an unsere Stammkun-
den senden. Dürfen wir Sie um Ihr Urteil bitten? Auf dem Formblatt
haben wir einige Fragen zusammengestellt. Die Antworten werden wir
selbstverständlich sorgfältig auswerten.

Für Sie ist es wohl besonders wichtig, dass Sie neben Ihren Fachan-
zeigen auch redaktionelle Beiträge aufnehmen lassen können, die den
Leser über Ihr Aufgabengebiet informieren. Wir können Ihnen wirklich
günstige Bedingungen einräumen:

Wenn Sie mindestens 150 Zeitschriften beziehen, werden wir Ihren
Firmennamen kostenlos eindrucken. Sie erhalten unsere Zeitschrift
zum Selbstkostenpreis. Bitte prüfen Sie unser Angebot und bestellen
Sie dann „Technik und Landwirtschaft".

Mit freundlichen Grüßen

Verlag
Karlheinz Baumann GmbH

ppa. Klaus Friedrich   i. V. Andrea Baum

Anlagen
1 Probenummer
1 Formblatt

Frau
Margot Wegener
Heinrichstraße 16
40882 Düsseldorf

Ihr Zeichen, Ihre Nachricht vom	Unser Zeichen, unsere Nachricht vom	Telefon, Name	Datum
	do-fr	234, Herr Klein	20..-11-15

Ihre Hausratversicherung

Sehr geehrte Frau Wegener,

wir haben von Ihrem Wohnungswechsel Kenntnis erhalten. Der Versicherungsschutz erstreckt sich im Rahmen dieses Vertrages auch auf Ihre neue Wohnung. Sie sind jedoch verpflichtet, uns jede Gefahrenerhöhung anzuzeigen.

Senden Sie bei jeder festgestellten oder auch vermuteten Gefahrenerhöhung den unteren Abschnitt des beigefügten Nachtrages ausgefüllt und unterschrieben zurück. Als Gefahrenerhöhung gelten in der Hausratversicherung:

1. Das Gebäude, in dem sich der versicherte Hausrat befindet, ist nicht massiv oder unter harter Bedachung errichtet.
2. Im Gebäude selbst oder im Umkreis von 30 m sind chemische Betriebe oder feuergefährliche Stoffe vorhanden.
3. Bei dem Gebäude handelt es sich zum Beispiel um ein Wochenend- oder Gartenhaus.
4. Die Wohnung ist länger als 60 Tage hintereinander unbewohnt oder unbeaufsichtigt.

Liegt eine Gefahrenerhöhung vor, so ist die Gesellschaft berechtigt, eine erhöhte Prämie zu erheben. Wird eine Gefahrenerhöhung nicht angezeigt, so ist die Gesellschaft im Schadenfall von der Verpflichtung zur Leistung frei.

Eine eventuell notwendige Erhöhung können Sie mit der Veränderungsanzeige beantragen. Sollten Sie noch Fragen haben, so wenden Sie sich an uns. Wir beraten Sie jederzeit unverbindlich.

Mit freundlichen Grüßen   **Anlage**
                                  1 Nachtrag
HEG-Versicherung AG

i. V.

Doppler

Geschäftsräume	Telex	Telegramm-Kurzanschrift	Konten

Modern-Moden GmbH
St.-Peter-Straße 20
40599 Düsseldorf

Ihr Zeichen, Ihre Nachricht vom	Unser Zeichen, unsere Nachricht vom	Telefon, Name	Datum
	lb		20..-10-15

Geschäftseröffnung in der Niederhutstraße

Sehr geehrte Damen und Herren,

für meine Geschäftseröffnung am 1. Januar 20.. bitte ich um Übersen-
dung Ihrer neusten Musterkollektion und Preisliste. Ich würde mich
sehr freuen, wenn Sie mir einige Teile Ihrer Musterkollektion für
meine Schaufenster zur Verfügung stellen könnten. Mein Geschäft
ist sehr günstig in der Fußgängerzone gelegen.

Über eine gute Geschäftsverbindung werde ich mich freuen.

Mit freundlichen Grüßen

BADAOUI-MODEN

Lotte Badaoui

Rationalisierung des Schriftverkehrs

Zur Rationalisierung des Schriftverkehrs werden heute verschiedene Vordrucke eingesetzt. Den Vordruck A4 kennen wir. Wenn wir das Format A4 um
ein Drittel des Blattes kürzen, so erhalten wir den Vordruck 2/3 A4. Er
wird für Kurzmitteilungen verwendet. Die Anordnungsregeln sind in Anlehnung
an A4 zu beachten.

Ist für die Antwort eines Briefes nur ein kurzes Begleitschreiben erforderlich, so wählt man gerne den Kurzbrief. Dies ist eine Mitteilung in Kurz-
form, in der meist nur ein Wort angekreuzt wird.

Eine andere Form ist der Auswahltext, wenn von mehreren Antworten mindestens
eine durch den Sachbearbeiter angekreuzt wird. Die Mitteilung erfolgt dann
mit ganzen Sätzen, die einen kurzen Sachverhalt wiedergeben.

Ein Schriftstück wird zur Blitzantwort, wenn die Antwort direkt auf das
Original gesetzt wird. Der Empfänger macht sich eine Kopie und schickt das
Original mit der handschriftlichen Antwort an den Absender zurück.

Frank Möller   20..09-27
Biergasse 1
53498 Bad Breisig
.
.
.

Herrn Bürgermeister
Ewald Fleicher
Am Markt 12
53498 Bad Breisig
.
.
.

Sehr geehrter Herr Bürgermeister,
.
seit zwei Jahren betreibe ich in der Biergasse 1 einen Eissalon,
der nur im Sommer geöffnet ist. Für den Winter kann ich für die
Existenz meiner Familie keine ausreichenden Ersparnisse erwirt-
schaften, habe aber das ganze Jahr hindurch die Ladenmiete von
900,00 € zu zahlen.
.
Ich möchte Sie nun bitten, mir die Schankerlaubnis für Wein und
Spirituosen zu erteilen, damit ich auch während der Wintermonate
mein Geschäft betreiben kann.
.
Mit freundlichen Grüßen
.
.
.

.
.
.

Martha Fischer   27. September 20..
Exportabteilung
.
.
.

Herrn
Direktor Engelhardt
.
.
.

Sehr geehrter Herr Direktor Engelhardt,
.
seit dem 1. Aug. erledige ich die Arbeit meiner Kollegin, Frau
Bäcker, mit, die in den Ruhestand getreten ist.
.
Dadurch werde ich so stark belastet, dass ich häufig Überstunden
machen muss. Auch die Verantwortung, die ich zu tragen habe, ist
erheblich größer geworden.
.
Ich bitte Sie deshalb, mein Monatsgehalt entsprechend meiner neuen
Tätigkeit zu erhöhen.
.
Mit freundlichen Grüßen
.
.
.

Merkregel: Schreiben Sie in der Praxis lieber einen Brief neu, wenn er nicht fehlerlos ist. Der Brief ist die Visitenkarte des Betriebes und wirft immer ein gutes bzw. schlechtes Licht auf denjenigen, der ihn geschrieben und unterschrieben hat.

Aufgaben zur normgerechten Gestaltung nach DIN 5008 Neu
Entnehmen Sie die fehlenden Daten dem Inhalt des jeweiligen Brieftextes, machen Sie selbstständig Absätze.

1. Aufgabe: Absender: Bundesverband für den Selbstschutz, 53111 Bonn
Empfänger: Familie Käthe und Klaus Feldmann, Hauptstr. 91 b, 56170 Bendorf

Herr Kleidermann schreibt im Auftrag des Bundesverbandes:

Sehr geehrte Familie Feldmann, selten kündigen sich Katastrophen an. Die meisten Menschen trifft es unvorbereitet, die wenigsten haben vorgesorgt. Gewiss führt der Staat schon viele Vorsorgemaßnahmen durch. So wurde zum Beispiel ein Katastrophenschutz aufgebaut. Die Vorsorge des Staates kann aber nicht umfassend sein. Im Falle einer Katastrophe können die Einheiten des Katastrohenschutzes nicht überall gleichzeitig helfen. Sie müssen zuerst Schwerpunkte setzen und berücksichtigen. Es kann also sein, dass Sie einige Zeit auf sich allein gestellt sind und wissen müssen, was zu tun ist. Ihre Familie muss vorgesorgt haben. Vor allem aber sollten Sie Helfen gelernt haben. Ihr Verbandspäckchen in der Hausapotheke ist nicht viel wert, wenn Sie nicht wissen, wie Sie einen Verband anlegen. Beim Stromausfall nutzt Ihnen kein Konservenvorrat, wenn Sie keinen Behelfskocher haben. Vorsorge und Vorräte müssen also sinnvoll aufeinander abgestimmt sein. Darum lesen Sie unbedingt die Broschüre, die wir Ihnen mit diesem Schreiben senden. Freundlichen Gruß

2. Aufgabe: Absender: Kunstgeschäft Gabriele Winter, 56068 Koblenz
Empfänger: Frau Ute Sommer, Rheinufer 54, 56564 Neuwied

Frau Heinzen schreibt im Auftrag von Frau Winter:

Sehr geehrte Frau Sommer, niemand kann vorhersagen, wie sich die Preisentwicklung von Sammeltellern verändert. Nicht einmal die Experten sind da immer einer Meinung. Nach Ansicht der Fachleute werden nur selten so herrliche Teller angeboten. Die dritte Ausgabe der Serie „Die großen Erfinder in der Geschichte" ist endlich erschienen. Diese Teller erwecken in letzter Zeit wegen der Einmaligkeit dieser Kunstrichtung großes Interesse. Die Nachfrage nach Tellern aus vorangegangenen Serien trägt natürlich zu einem weiteren Anstieg der Preise bei. Ein zweiter Grund, der für den Erfolg dieser Serie spricht, ist der Bekanntheitsgrad des Bildhauers. Alle weiteren Einzelheiten können Sie den beiliegenden Druckschriften entnehmen. Ich kann Ihnen heute einen Teller aus dieser Serie zum Preis von 130,00 € anbieten, wenn Sie Ihren Auftrag innerhalb der nächsten 10 Tage an uns absenden. Mit freundlichen Grüßen, Anlagen

3. Aufgabe: Absender: Furnierwerke Josef Huber, 83022 Rosenheim
Empfänger: Möbelfabrik Paul Müller, z. H. Herrn Walter Meier, Postfach 20 20, 32010 Herford

Josef Huber beantwortet eine Bitte um Auskunft vom 15. d. M.:

Sehr geehrter Herr Müller, mit der genannten Firma stehe ich seit Jahren nicht mehr in Verbindung und kann Ihnen leider die gewünschte Auskunft nicht erteilen. Ich empfehle Ihnen jedoch, sich an Herrn Franz Kargel, Salzburger Straße 4, 83278 Traunstein zu wenden. Soweit mir bekannt ist, gehört er schon lange zu den Lieferern der Firma. Mit freundlichen Grüßen

Aufgaben: Schreiben Sie nachstehende Briefe normgerecht auf Vordruck A4. Wählen Sie als Briefdatum das Tagesdatum und setzen Sie selber den passenden Wortlaut als Betrefftext ein. Ergänzen Sie bitte die Lücken (...) im Text sinngemäß. Bilden Sie die Bezugszeichen aus der Absenderangabe. Sie wissen: Absätze machen den Brief übersichtlich.

---

4. Aufgabe: Absender: Frau Herta Gerber, Klöcknerstr. 2, 56727 Mayen
Empfänger: City-Club, Postfach 1702, 10669 Berlin

Frau Herta Gerber schreibt:

Sehr geehrte Damen und Herren, ich interessiere mich für Ihre Club-Angebote in Firenze/Italien und bitte Sie, mir einen Sommer... 20.. an o. g. Anschrift zu senden. Haben Sie auch ein besonders vorteilhaftes ... für die Zeit vom ... bis ...? Ich hätte gern ein Appartement für eine Person. Mir ist bekannt, dass das sehr ... für Sie zu organisieren sein wird, aber vielleicht haben Sie etwas Glück. Sie wurden mir besonders für außergewöhnliche ... mit Freizeitmöglichkeiten empfohlen. Ich erwarte mit Interesse Ihre ... Nachricht. Mit freundlichen Grüßen

---

5. Aufgabe: Absender: City-Club, Dr. Frank Schmelzer,
Empfänger: Frau Herta Gerber, Klöcknerstr. 2, 56727 Mayen

Der City-Club antwortet:

Sehr geehrte Frau Gerber, es freut uns sehr, dass Ihnen unser „Rotari-..." empfohlen wurde. Unsere Mühe hat sich gelohnt, denn wir haben etwas Passendes für Sie gefunden. Als Anlage erhalten Sie ... Angebote zur Auswahl. Geben Sie uns bitte bald Bescheid, welches Appartement Sie wählen. Wir können diese ... länger als zwei Wochen ... Wir wünschen Ihnen eine gute Wahl und hoffen sehr, dass Sie etwas finden, das Ihren Wünschen entspricht. Mit freundlichen Grüßen, Anlagen, 5 Prospekte

---

6. Aufgabe: Absender: Textilfabrik Schwarz & Weiß KG, ppa. Greiber
Empfänger: Herrn Generalvertreter Gustav Wagner,
Heinrich-Heine-Ufer 14 a, 50996 Köln

Die Textilfabrik schreibt:

Sehr geehrter Herr Wagner, aus unserem Telefongespräch wissen Sie schon, dass wir vom ... April d. J. an Frau Inge Schütz als Außendienstmitarbeiterin für unser Verkaufsgebiet Koblenz einstellen. Frau ... wird besonders unsere Kunden in Andernach und Neuwied betreuen. Wir bitten Sie, mit Frau Inge ... ebenso freundschaftlich zusammenzuarbeiten wie mit ... Ralf Simon, dem früheren Koblenzer Außendienstmit... Sie wissen, dass Herr Simon Ihren fachmännischen ... und Ihre Hilfe sehr geschätzt hat. Deshalb sind wir überzeugt, dass Sie auch der ... Kollegin viele nützliche Hinweise geben können. Dies gilt besonders für die schwierige ..., den Textilfachhandel zu beraten und die Textilgeschäfte mit Verkaufsargumenten zu versorgen. Am besten wäre es, wenn Sie Frau Inge Schütz eine Zeit lang einarbeiten könnten. Wir denken an ... oder vier Wochen. Selbstverständlich werden Sie ... Verdienstausfall haben. Wie beurteilen Sie unseren Vorschlag? Mit freundlichem Gruß

Tipp: Üben Sie so lange, bis der Brief wirklich fehlerfrei ist.

Aufgaben: Schreiben Sie die folgenden Texte auf einen A4-Briefbogen ohne Aufdruck ab und bestimmen Sie die Absätze selbst.

7. Aufgabe:

Absender:	Modehaus	Empfänger:	Hotel Imperial
	Anita Luger		Herrn Direktor
	Am Stadttor 29		Kurt Marko
	53474 Bad Neuenahr-Ahrweiler		8020 Graz
			ÖSTERREICH

Diktatzeichen: schm-ma
Datum: ..-02-12

Sehr geehrter Herr Direktor Marko, schon einige Male konnten wir in Ihrem Hotel Contici eine Modenschau veranstalten. Auch in diesem Jahr haben wir wieder eine besonders interessante Frühjahrskollektion zusammengestellt, die wir gerne Ihren Gästen zeigen wollen. Könnten wir zu diesem Zweck den „Krönungs-Saal" für den 5. August 20.. (ganztags) mieten? Einzelheiten über den Verlauf der Veranstaltung wird Ihnen unsere Assistentin, Frau Merz, mitteilen. Mit freundlichen Grüßen

8. Aufgabe:

Absender:	Hotel Imperial	Empfänger:	Modehaus
			Anita Luger

(vervollständigen Sie die Anschriften)

Diktatzeichen: mar-ko
Datum: ..-02-18

Sehr geehrte Frau Schmalbach, wir danken Ihnen für Ihren Brief vom 20..-02-12 und freuen uns, dass wir Ihnen wieder einmal behilflich sein können. Für die Modenschau Ihrer Firma am 5. August 20.. haben wir wunschgemäß den „Krönungs-Saal" reserviert. Wir hoffen, dass es, wie in den letzten Jahren, wieder ein voller Erfolg wird, und werden alles zu Ihrer Zufriedenheit arrangieren. Mit freundlichen Grüßen

9. Aufgabe:

Absender:	Meister Vordruckverlag	Empfänger:	Frau Studiendirektorin
	Oskar Käfer		Dr. Erna Kluge
	Postfach 47 11		Hauptstr. 24
	53498 Bad Breisig		56599 Leutesdorf

Diktatzeichen: sch-pa
Datum: ..-05-11
Betreff: Vorlesung über „Normung im Büro"

Sehr verehrte Frau Dr. Kluge, besten Dank für Ihre Nachricht. Sie erhalten mit gleicher Post unseren Vordruckkatalog 90 als vollständige Übersicht unseres Verlagsprogramms. Bitte teilen Sie uns mit, für welche Vordruckgebiete oder einzelnen Artikel Sie sich besonders interessieren. Wegen des großen Umfanges ist es leider ausgeschlossen, Ihnen eine vollständige Mustersendung zu überlassen. Der Katalog an sich enthält aber bereits eine große Anzahl Abbildungen, die sehr anschaulich sind. Es ist auch möglich, Ihnen einige weitere Exemplare dieses Kataloges zu senden. Bitte sagen Sie uns, was wir zudem für Sie tun können. Freundlichen Gruß, Meister Vordruckverlag, i. V. Scheller, Anlage, 1 Vordruckkatalog

Wir üben allgemeine Abkürzungen

Tipp: Stellen Sie den Tabulator auf Grad 5 cm ein und
schreiben Sie die folgenden Abkürzungen mit den
Erläuterungen ab.

ADAC	Allgemeiner Deutscher Automobil-Club
AG	Aktiengesellschaft
AOK	Allgemeine Ortskrankenkasse
Az.	Aktenzeichen
BGB	Bürgerliches Gesetzbuch
DAG	Deutsche Angestellten-Gewerkschaft
DGB	Deutscher Gewerkschaftsbund
DIN	Deutsche Industrie-Norm
Dipl.-Ing.	Diplomingenieur
Dipl.-Kfm.	Diplomkaufmann
Dipl.-Volksw.	Diplomvolkswirt
EStG	Einkommensteuergesetz
e. V.	eingetragener Verein
GmbH	Gesellschaft mit beschränkter Haftung
HGB	Handelsgesetzbuch
i. A.	im Auftrag
IHK	Industrie- und Handelskammer
IRK	Internationales Rotes Kreuz
KG	Kommanditgesellschaft
LSt	Lohnsteuer
LVA	Landesversicherungsanstalt
ppa. = pp.	per procura
S.	Seite
s. a.	siehe auch
TH	Technische Hochschule
u. a. m.	und anderes mehr
WEZ	westeuropäische Zeit
z. B.	zum Beispiel
z. b. V.	zur besonderen Verwendung
z. d. A.	zu den Akten (erledigt)
z. H.	zu Händen
z. T.	zum Teil

Merkregel: Sind Abkürzungen mit Punkt unterteilt, dann bestehen
sie aus verschiedenen Wörtern, die ungekürzt ausgespro-
chen werden, und deshalb wird zwischen die einzelnen
Buchstaben je ein Leerzeichen gesetzt (wie z. T. = zum
Teil). Abkürzungen, die buchstäblich bzw. wie selbst-
ständige Wörter gesprochen werden, werden ohne Punkt
und in sich ohne Leerzeichen geschrieben.

Geläufigkeitssätze mit Abkürzungen

In unserem Sortiment finden Sie Bücher, z. B. für den Urlaub.   67
Diese Post muss z. H. Herrn Dr. Winkelmann abgeschickt werden.   68
Herr Direktor Dipl.-Kfm. Kurt Gräse wohnt in 42105 Wuppertal.   67

Die Nassauische Heimstätte GmbH hat ihren Sitz in Frankfurt.   67
Nach § 44 HGB dürfen Briefe auf Mikrofilm aufbewahrt werden.   67
Die Regeln DIN 5008 Neu erscheinen im Beuth Verlag in Berlin.   70

Sicherheit durch Abschreibübungen

Arbeit als Herausforderung und Existenzgrundlage

Viele Menschen sind nur dann gern berufstätig, wenn sie dabei   64
das Gefühl haben, mehr als nur ein Rädchen im Getriebe zu sein.   131
Sie identifizieren sich dann auch immer mehr mit ihrer Arbeit.   196
Wer will sich schon in der Rolle des bloßen Befehlsempfängers   261
sehen? Wem passt es, lediglich Anweisungen von Vorgesetzten   325

ausführen und nur die Ideen und Vorstellungen übergeordneter   388
Mitarbeiter verwirklichen zu müssen? Für das Selbstwertgefühl,   455
das Interesse und die Motivation ist es sehr wichtig, dass man   520
am Arbeitsplatz Verantwortung tragen kann. Handlungsabläufe   583
und den Ermessens- und Handlungsspielraum sollte jeder voll   645

ausschöpfen und Kreativität einbringen können. So stimmt es   707
nicht verwunderlich, dass Berufe mit Freiräumen, mit Einfluss-   772
und Handlungsmöglichkeiten ein erheblich größeres soziales   832
Ansehen gewinnen. In puncto Beurteilung und Einschätzung der   897
Arbeit spielen folgende Kriterien eine Rolle: die schulische   962

und berufliche Ausbildung und Qualifikation, die Art und Form   1028
der Tätigkeit, z. B. geistige oder körperliche, saubere oder   1091
schmutzige Arbeit, die Verdienstmöglichkeiten, der Einfluss,   1155
gewisse Statussymbole und Veränderungsspielraum. Eine sichere   1220
berufliche Existenz gewinnt aufgrund des Arbeitsplatzmangels   1283

und hoher Arbeitslosenquoten zunehmend an Bedeutung. Für die   1347
Berufswahl sind Neigung, Eignung, Aufstiegsmöglichkeiten und   1412
der Verdienst längst nicht mehr die einzigen Kriterien, um   1473
die richtige Entscheidung zu treffen. Eine Umfrage unter den   1537
jungen Leuten erbrachte das folgende Ergebnis: 87 % männliche   1602

und 85 % weibliche Jugendliche nannten an erster Stelle ihre   1667
beruflichen Erwartungen und Hoffnungen auf einen sicheren und   1731
guten Arbeitsplatz. Die Höhe des Verdienstes rangierte sehr   1795
deutlich dahinter. Unbestritten ist, dass die moderne Technik,   1861
der Einsatz von Robotern und Mikrocomputern ständig eine neue   1926

Anpassung und laufend ein Um- und Neulernen im Berufsleben   1989
erfordern. Mit Beendigung der Ausbildungszeit hat der junge   2052
Mensch heutzutage keineswegs schon ausgelernt. Im Gegenteil,   2116
das Lernen hört niemals auf. Solange der Mensch aktiv am   2176
gesellschaftlichen Leben teilnimmt, muss er sich gründlich   2237

fort- und weiterbilden. Wer mangels Training und Anforderung   2300
seine Lernbereitschaft und Lernfähigkeit verliert, gerät sehr   2364
rasch in das berufliche Abseits, auf das sog. Abstellgleis.   2426

Tipps für Leute, die nie Zeit haben

Mein Interesse an sinnvoller Zeiteinteilung geht auf meine 63
Tätigkeit als Assistent eines amerikanischen Senators zurück. 129
Jedes Kongressmitglied ist täglich mit dringenden Aufgaben 192
konfrontiert, die sich zeitlich überschneiden: Abstimmungen 255
im Plenum, Ausschusssitzungen, Reden und Interviews. Ebenso 320

muss man sich über eine Vielzahl von Themen ständig auf dem 383
Laufenden halten. Erfolgreiche Parlamentarier entwickeln 444
deshalb eigene Methoden, mit möglichst geringem Zeitaufwand 507
möglichst viel zu erledigen. Wenn sie es nicht tun, ist ihre 572
Wiederwahl gefährdet. Da ich nicht gerade gut mit meiner 632

Zeit umgehen konnte, begann ich ein paar der Kunstgriffe 692
anzuwenden, die ich den Politikern abgeguckt hatte. Hier 752
nenne ich Ihnen einige, die mir am besten geholfen haben. 812
Planen Sie. Man braucht einen Tagesplan, sonst verwendet man 878
zu viel Zeit auf das, was einem zufällig auf den Schreibtisch 943

flattert. Man macht dann leicht den verhängnisvollen Fehler, 1008
dass man sich zu viel mit Problemen statt mit Chancen befasst. 1074
Legen Sie für jeden Tag einen Rahmenplan fest mit besonderer 1140
Berücksichtigung der zwei oder drei Hauptpunkte, die Sie ganz 1206
bestimmt schaffen möchten - und vergessen Sie dabei auch die 1269

Dinge nicht, die Sie Ihren Fernzielen näher bringen sollen. 1334
Wissenschaftliche Untersuchungen beweisen, was uns schon der 1398
gesunde Menschenverstand sagt: Je mehr Zeit wir Menschen in 1464
die Planung eines Vorhabens investieren, desto weniger Zeit 1528
beansprucht es am Ende. Lassen Sie nicht zu, dass die Hektik 1594

des Alltags die nötige Zeit für die Planung aus Ihrem Schema 1661
verdrängt. Konzentrieren Sie sich. Das Wichtigste bei der 1724
Zeiteinteilung ist die Konzentration. Menschen, die mit der 1788
Zeit nicht zurande kommen, wollen immer zu viel auf einmal 1850
erledigen. Nicht die auf ein Vorhaben verwendete Gesamtzeit 1914

ist das Entscheidende; es kommt darauf an, wie lange Sie 1974
ununterbrochen daran arbeiten. Kaum ein Problem kann einem 2036
konzentrierten Angriff standhalten; kaum eines lässt sich 2096
stückchenweise lösen. Machen Sie Pausen. Lange zu arbeiten 2160
ohne zu pausieren ist uneffektiv. Die Energie lässt nach, 2221

Unlust stellt sich ein und Stress und Anspannung wachsen. 2283
Ein paar Minuten lang von geistiger Arbeit auf körperliche 2346
Bewegung umschalten - Lockerungsübungen, Umhergehen im Büro, 2412
ja, nur eine Zeit lang stehen statt immer zu sitzen - kann 2473
Abhilfe schaffen. Am besten ist es jedoch oft, wenn man sich 2537

einfach hinlegt. Eine Weile „Nichtstun" ist keine vertane 2601
Zeit. Die Erholungspause wird nicht nur Ihre Leistungsfähigkeit 2671
steigern, sondern auch Verkrampfungen lösen. Das kommt Ihrer 2737
Gesundheit zugute. Alles, was zur Gesundheit beiträgt, ist 2800
vernünftige Zeiteinteilung. 2829

So macht Ihnen die Arbeit wieder Spaß

Vier von fünf Beschäftigten haben meist Grundlegendes an ihrer 67
Arbeit auszusetzen. Zu diesem Schluss kommt Richard Germann, 133
der seit 25 Jahren als Karriereberater tätig ist. Dabei ist 197
eine positive Arbeitseinstellung enorm wichtig für den Erfolg. 263
Wer an seiner Tätigkeit keinen Spaß mehr hat, wird am Ende 327

Schiffbruch erleiden. Warum sind so viele Menschen unzufrieden 394
mit ihrer Arbeit? Es gibt zwei Hauptgründe. Erstens: Einige 462
sind überzeugt, Geld verdienen sei Zeitverschwendung. Jeder 526
solle das Leben genießen oder seine wahren Talente entdecken. 591
Trifft das für Sie zu, dann erinnern Sie sich einmal an einen 657

längeren Urlaub. Waren es wirklich drei Wochen ungetrübter 720
Erholung? Vermutlich haben Sie die ersten 14 Tage die Sonne 787
genossen und den Rest der Zeit gedacht: „Es ist verflixt, ich 855
kann es kaum erwarten, ins Büro zu gehen." Wenn Sie diese 918
Ferienmüdigkeit bisher in Ihrem Leben noch nie verspürt haben, 985

stellen Sie sich einmal vor, Sie würden einmal einen längeren 1050
unbezahlten Urlaub nehmen. Sie könnten ein spannendes Buch 1113
schreiben, einen Fortbildungslehrgang besuchen oder einfach 1175
vor dem Fernseher sitzen. Wahrscheinlich wäre schon nach drei 1240
Monaten Ihr Selbstwertgefühl auf dem Nullpunkt angelangt. 1304

Nichts als Arbeit ohne jedes Vergnügen ist schon schlecht, 1367
doch das Gegenteil ist katastrophal. Wir brauchen alle das 1429
Gefühl, etwas vollbracht zu haben. Und wir brauchen alle eine 1494
gewisse Ordnung im Leben. Der zweite und vielleicht häufigere 1560
Grund, weshalb manche keine Freude an der Arbeit haben, ist 1624

das Gefühl der Ausweglosigkeit. Wer seit fünf Jahren bei der 1690
gleichen Firma arbeitet, eine Familie hat und Schulden auf dem 1757
Haus, vermisst häufig die Freiheit, etwas anderes zu tun, wenn 1823
die Dinge nicht wie geplant laufen. Ein festes Gehalt kann 1886
schon die stärkste aller Fesseln sein. Menschen mögen es in 1949

aller Regel nicht, wenn sie etwas tun müssen, weil sie keine 2012
andere Wahl haben. Sollten Sie bei sich feststellen, dass Ihnen 2080
Ihre Arbeit missfällt, weil Sie es sich nicht leisten können, 2147
einfach zu kündigen, ist es vielleicht an der Zeit, einmal 2210
einen aktuellen Lebenslauf zu schreiben. Sie können genauso 2274

regelmäßig den Anzeigenteil Ihrer Zeitung lesen und bei allen 2341
geschäftlichen Veranstaltungen behutsam Kontakte knüpfen. Ihre 2409
gegenwärtige Stellung geben Sie nicht auf, aber Sie schaffen 2475
sich ein Hintertürchen. Sollte Ihre berufliche Situation eines 2544
Tages unerträglich werden, können Sie viel eher kündigen. 2606

Diese Möglichkeiten zu haben, kann Wunder wirken. Sie gehen 2672
wieder mit mehr Freude an die Arbeit, weil Sie es selbst so 2737
entschieden haben. Wesentlich ist, dass Sie die Verantwortung 2804
für Ihre Situation übernehmen. Die meisten Menschen fühlen 2870
sich von der Umwelt gegängelt, aber das stimmt nicht. Sie 2933

müssen lernen, mit dieser Umwelt richtig umzugehen, damit sie 2999
von ihr bekommen, was sie brauchen. Denken Sie daran: Niemand 3067
hat Zeit oder Lust, Ihnen aus Ihrem Tief herauszuhelfen. Es 3135
liegt an Ihnen, Ihre Einstellung zu ändern. Hier sind einige 3201
Vorschläge, wie Sie das Problem anpacken können: Träumen 3263

Sie wenig, planen Sie viel. Oft rät R. Germann unzufriedenen 3329
Arbeitnehmern, sich ihren Traumjob vorzustellen - was sie in 3392
Wirklichkeit tun möchten und wie ihr Arbeitsplatz aussehen 3452
sollte. Das hilft Ihnen zu definieren, was für Sie einen solchen 3519
Traumberuf ausmacht. Gliedern Sie Ihre Traumstelle in viele 3584

kleine Teile. Wenn Sie sich als Nachwuchsführungskraft sehen, 3651
die unter einem tollen Chef in einer Abteilung arbeitet, es in 3717
Wirklichkeit aber als Sachbearbeiter mit einem tyrannischen 3780
Chef als Einkaufsleiter zu tun haben, schauen Sie sich nach 3844
„Trittsteinen" um, die Ihnen den Aufstieg ermöglichen. Sie 3910

könnten sich z. B. um eine Versetzung innerhalb der Abteilung 3976
bemühen, um dem Tyrannen zu entrinnen. Oder wie wäre es mit 4039
einer untergeordneten Position in der Marketingabteilung? Nun 4105
kümmern Sie sich um eine Zusatzausbildung oder Schulung, um 4169
sich dann als Führungskraft zu empfehlen. Finden Sie zumindest 4234

heraus, welche Qualifikationen Sie brauchen, um befördert zu 4296
werden. Einen eigenen Plan zu machen und zu befolgen, ist eine 4359
der besten Möglichkeiten, Ihr Selbstwertgefühl zu verbessern. 4422
Stellen Sie sich vor, Sie wären ganz unabhängig. Malen Sie 4482
sich einmal aus, Sie führten einen kleinen Einmannbetrieb 4539

mit einem Hauptkunden, Ihrem Arbeitgeber. Teilen Sie Ihre Zeit 4606
stets so ein, dass Sie nicht nur den Anforderungen des Kunden 4668
gerecht werden, sondern auch andere Bereiche Ihrer Tätigkeit 4730
weiterentwickeln können, die für Ihre Zukunft wichtig sind. 4790
Angenommen, Sie müssen bei Ihrer Arbeit oft Berichte schreiben 4856

und stellen fest, dass Sie sehr gut formulieren können. Die 4917
Geschäftsleitung mag das wenig interessieren, aber Sie als 4978
Unternehmer sollten erkennen, dass Ihr Talent Ihnen völlig neue 5046
Märkte eröffnet. Statt langatmige allgemeine Verlautbarungen 5111
abzuliefern, bemühen Sie sich um geschliffene Formulierungen 5175

und machen Ihr Produkt so für neue Kunden interessant. Ganz 5239
besonders nützlich ist die Strategie, weil sie die Motivation, 5304
den Chef zufriedenzustellen, durch das Bestreben ersetzt, die 5368
eigenen Fähigkeiten zu erkennen und auszubauen. Trennen Sie 5429
stets Arbeit und Vergnügen. Stellen Sie sich vor: Sie laden 5493

einen netten Freund für einige Tage zu sich ein. Am zweiten 5554
Tag liegen seine Sachen überall herum. Am dritten Tag döst 5615
sein Bernhardiner auf Ihrer Couch. Am vierten kommen Sie 5676
bereits nicht mehr in die Garage, weil dort sein Auto steht. 5737
Packt Sie da nicht die Wut? 5766

Die Auswahl der passenden Schriftart

Grundvoraussetzung für eine gelungene Textgestaltung ist   59
der richtige Umgang mit Schriften. Die Möglichkeit, Schrif-   121
ten am Computer zu gestalten, führt zu unendlich vielen   179
Kombinationsmöglichkeiten. Die Auswahl an Schriften ist   238
heute so groß, dass man rasch in Versuchung gerät, mög-   293

lichst viele Schriften einsetzen zu wollen. Man könnte   350
annehmen, dass durch diese Auswahlmöglichkeiten die Typo-   407
grafie zu einem neuen Höhepunkt gelangt - doch leider ist   466
eher das Gegenteil der Fall. Häufig werden digitale Schrif-   527
ten eher gedankenlos und zweckentfremdet eingesetzt.   580

Schrift ist zum Lesen da und nicht zur Dekoration. Diesen   642
Satz sollten Sie sich bei der Gestaltung Ihres Textes immer   707
wieder ins Gedächtnis rufen. Wenn Sie sich z. B. Anzeigen   768
ansehen, werden Sie oft feststellen, dass häufig ganz   821
ungeeignete Zierschriften im Mengentext verwendet werden   880

oder auch dicke Schlagschatten und knallbunte Wortart-   937
Texturen in den Überschriften. Bei dem Gestalten von Texten   1002
sollten Sie stets daran denken, dass Schriften einfach,   1060
vertraut, klar sein sollen und sich nicht in den Vorder-   1116
grund drängen. Schrift dient dem Leser in erster Linie zur   1178

Informationsaufnahme. So einfach das klingt - es bedeutet   1238
nicht, dass der Gestalter weiter nichts zu tun hat, als den   1299
Text einzugeben und ihn einigermaßen sinnvoll auf der Seite   1361
zu platzieren. Die Kunst ist vielmehr, die Schrift so an-   1420
zuordnen und zu gestalten, dass die Aufmerksamkeit auf den   1480

Text gelenkt wird. Allein dieses Ziel lässt genug Spielraum   1543
für die eigene Kreativität. Sie werden aber auch merken,   1602
dass übertriebene Fantasie ins Gegenteil umschlagen kann.   1662
Betrachtet man aus der Perspektive der Entwicklung unserer   1724
Schrift den Formcharakter, so erhält man ein tieferes Ver-   1784

ständnis dafür, was in der Praxis der Schriftauswahl und   1843
Schriftgestaltung sinnvoll ist. Die verschiedenen Schrift-   1903
arten auf Ihrem Computer wurden im Laufe der vergangenen   1963
Jahrhunderte entworfen, die meisten davon in den letzten   2021
150 Jahren. Diese Schriftenvielfalt lässt sich anhand ihrer   2084

Entstehungsgeschichte klassifizieren. Frühere Druckschrif-   2144
ten haben heute kaum Bedeutung. Dagegen sind die Antiqua-   2203
Schriften bis heute die wichtigste Druckschriftenform.   2260

Anmerkung: Dieser vorstehende Text kann als Abschreibübung genutzt
werden. Dabei sind lediglich am Ende einiger Zeilen
die Silbentrennungsstriche wegzulassen. Der Text selbst
ist wie eine Endloszeile zu behandeln. Auch Absatz-
schaltungen sollten entfallen.

Informationsverarbeitung

Gesprächsnotizen, Aktennotizen und Aktenvermerke als   56
Informationsträger spielen heute trotz der modernen   109
Kommunikationstechniken noch eine große Rolle im internen   169
Bereich vieler Unternehmen. Die Gesprächsnotiz enthält   228
stichwortartig die wesentlichen Punkte eines Gesprächs.   286

Dabei kann es sich um eine persönliche Unterredung oder um   347
ein Telefongespräch handeln. Verschiedene Verlage bieten   407
Vordrucke im Format A5 für Gesprächsnotizen an. Man kann   469
damit besonders rationell arbeiten. Die „Gesprächsnotiz"   530
wird meistens handschriftlich während oder nach dem   582

Telefongespräch ausgefüllt. Der besondere Vorteil dieses   642
Vordrucks liegt nicht nur in der Arbeitserleichterung,   699
sondern auch in der schriftlichen Dokumentation des   752
mündlichen Gesprächs. Neben der Gesprächsnotiz kann bei   811
der Planung eines (Telefon-)Gesprächs der Vordruck   868

„Gesprächsvorbereitung" eingesetzt werden. Hiermit wird   928
der Ablauf des Gesprächs beschleunigt, alle wichtigen   984
Punkte werden behandelt und schriftlich dokumentiert. Der   1044
Informationsträger „Aktennotiz" ist mit der Gesprächsnotiz   1108
eng verwandt: Aktennotizen enthalten auch stichwortartig   1167

alle wesentlichen Punkte einer Beratung, Besprechung oder   1228
Sitzung. Dieser Informationsträger wird von einem der   1285
Gesprächsteilnehmer angefertigt, in der Regel von allen   1343
Beteiligten unterschrieben und zur Kenntnisnahme sowie   1400
Ablage verteilt. Die Anfertigung einer Aktennotiz erfolgt   1462

mit der Schreibmaschine oder dem Textsystem nach einem   1519
ganz bestimmten Inhaltsrahmen. Bei einer Aktennotiz   1574
sollten berücksichtigt werden: Überschrift (Aktennotiz),   1636
Gesprächspunkt(e), Zeitpunkt, Ort, Teilnehmer, Inhalt des   1701
Gesprächs, Gesprächsergebnis. In der Praxis ist bei   1757

kürzeren Aktennotizen auch der Einsatz von Vordrucken   1814
üblich. Die ausführliche Form einer Aktennotiz ist der   1872
Aktenvermerk. Dieser Informationsträger beinhaltet neben   1932
den wichtigen Punkten einer Aktennotiz auch noch andere   1990
Gesichtspunkte, wie z. B. Meinungen und Eindrücke.   2045

Bitte wieder von vorne beginnen!

Wenn die Sonne lacht

Ohne Sonne wäre der Sommer nur halb so schön. Daran besteht   64
kein Zweifel. Und so legt sich ein Großteil der Bevölkerung   128
bei den ersten wärmenden Sonnenstrahlen auf Balkon, Terrasse   192
oder Wiese, um eine „gesunde" Hautfarbe zu bekommen. Viele   256
haben aber keine Ahnung vom richtigen Umgang mit der Sonne.   319

Es ist richtig, die Sonne zu genießen. Es ist aber auch gut,   383
sie zu meiden. Weshalb und warum - das erfahren Sie gleich.   445
Eine große Wirkung hat die Sonne auf das Gemütsleben der   506
Menschen. Das natürliche Licht hemmt die Bildung eines   565
Hormons, das Depressionen fördert. Die Lebensfreude kommt.   628

Eine spürbare Steigerung der Stimmung soll schon eintreten,   691
wenn man dreimal wöchentlich eine Viertelstunde die Sonne   751
genießt. Die Sonne macht auch munter. Nebennieren und   808
Schilddrüse werden stimuliert, das Herz schlägt kräftiger   869
und schneller. Der Körper nimmt jetzt mehr Sauerstoff auf.   931

Dieser Sauerstoff weckt die Lebensgeister. Man wird aktiver   995
und legt mehr Wert auf einen erfüllten Tagesablauf. Auch die   1059
Widerstandskraft wird durch die Sonne erhöht. Das liegt an   1121
einem Hormon, das durch den Lichteinfall in unserer Haut   1181
gebildet wird. Dieses Hormon stärkt nun unser Immunsystem.   1243

Die Sonne beschleunigt die Heilung von kleineren Wunden und   1307
von einigen Hautkrankheiten. Die im Licht enthaltenen UVC-   1371
Strahlen töten Bakterien ab, die sonst unseren Organismus   1432
angreifen würden. Ferner trägt die Sonne auch zur Kräftigung   1496
von Knochen, Haaren und Zähnen bei. Kennen Sie Vitamin D?   1562

Die Sonne bewirkt, dass das lebenswichtige Vitamin D gebildet   1628
wird, was die Aufnahme von Kalzium aus der Nahrung möglich   1690
macht. Schließlich verleiht das Sonnenlicht auch eine sehr   1751
attraktive Bräune. Beachten Sie bitte, dass Sie sich - je   1813
nach Ihrem Hauttyp - nur eine gewisse Zeit sonnen dürfen.   1874

Danach gehen Sie am besten in den Schatten und geben Ihrer   1937
Haut die Chance zum Abkühlen. Benutzen Sie eine Sonnencreme.   2004
Dann dürfen Sie die Sonne so viel mehr genießen, wie der   2068
Lichtschutzfaktor hoch ist. Nehmen Sie die Creme ungefähr   2131
20 Minuten vor dem Sonnenbad. Es gibt auch Schattenseiten.   2194

Bei zu langer Bestrahlung wehrt sich die Haut mit einem   2253
Sonnenbrand, der nicht nur schmerzhaft ist, sondern auch   2311
sichtbare Hautschäden hervorrufen kann. Außerdem führen zu   2392
ausgiebige Sonnenbäder zu einer vorzeitigen Hautalterung.   2432
Der Prozess wird nämlich durch die UVA-Strahlen beschleunigt.   2500

Telefonieren - Diktieren - Buchstabieren

Nachfolgend finden Sie das deutsche und das internationale Buchstabieralphabet. Arbeiten Sie nicht gerade in einer Exportabteilung, so sollten Sie wenigstens das deutsche Buchstabieralphabet auswendig lernen und beim Telefonieren und Diktieren beherrschen.

Aufgabe: Stellen Sie Ihren Tabulator ein und schreiben Sie die Buchstabieralphabete ab:

Buchstaben	Deutsch	International
A	Anton	Amsterdam
Ä	Ärger	
B	Berta	Baltimore
C	Cäsar	Casablanca
CH	Charlotte	
D	Dora	Dänemark
E	Emil	Edison
F	Friedrich	Florida
G	Gustav	Gallipoli
H	Heinrich	Havanna
I	Ida	Italia
J	Julius	Jerusalem
K	Kaufmann	Kilogramm
L	Ludwig	Liverpool
M	Martha	Madagaskar
N	Nordpol	New York
O	Otto	Oslo
Ö	Ökonom	
P	Paula	Paris
Q	Quelle	Quebec
R	Richard	Roma
S	Samuel	Santiago
ß	Eszett	
Sch	Schule	
T	Theodor	Tripolis
U	Ulrich	Uppsala
Ü	Übermut	
V	Viktor	Valencia
W	Wilhelm	Washington
X	Xanthippe	Xanthippe
Y	Ypsilon	Yokohama
Z	Zacharias	Zürich

Test-Aufgaben zu den Regeln nach DIN 5008 Neu

Aufgabe: Wo stecken hier die Fehler? Schreiben Sie die Sätze ohne Fehler ab. Zur Kontrolle finden Sie die gleichen Sätze auf der nächsten Seite noch einmal ohne Fehler.

1 Sie hatten unseren Auftrag vom 23. v. M. noch nicht ausgeführt.
2 Sämtliche §§ sind geändert. Sie erhalten 10 % Nachlass.
3 Wir rechnen mit einem 25 %igen Gewinn. Der Börse erhält 11 %o.

4 Die Rechnung lautet auf 30,40 €. Die Reparatur kostet 19,— €.
5 Wir hatten Ihnen wegen der Reparaturen am 3.11... geschrieben.
6 Können Sie uns diese Geräte bis spätestens 3.April .. liefern?

7 Es wäre günstig, wenn alle stets das Postfach 1 130 50 angäben.
8 Sie können uns bald unter der Rufnummer (02641)34433 erreichen.
9 Wird sie die Beträge sofort auf PGK Hmb 23 0504-202 überweisen?

10 Am vergangenen Montag war der Anschluss Tx 31571-0 oft gestört.
11 Diese Bankleitzahl (577 51310) wird in der Rechnung eingedruckt.
12 In der Abrechnung stellte ich einen Fehlbetrag von -,75 € fest.

13 Wir arbeiten schon seit Jahren mit der Tiefbau AG gut zusammen.
14 Der Sessel Nr.27 wird ab 10. Juni d.J. für 585.50 € verkauft.
15 Sollten diese Waren bei Abnahme von 115 kg nur 120.50 $ kosten?

16 Die Strecke Remagen-Bonn-Bad Godesberg-Köln wurde gesperrt.
17 Die Außentemperatur betrug am vorletzten Donnerstag nur + 10°C.
18 Wir haben schon 3 bis 4mal versucht, Sie in Bonn zu erreichen.

19 Es sind genügend Wanderkarten im Maßstab 1:100 000 auf Lager.
20 Wir haben bei Kleinschmidt & Dreyer 5 Gasrohre 3/4" fi bestellt.
21 Unsere Filiale in Königstein (Taunus) wird Sie gerne beliefern.

Beantworten Sie die folgenden Fragen schriftlich:

22 In der wievielten Zeile beginnt die Empfängeranschrift bei einem A4-Briefblatt?

23 Wo beginnt der Betrefftext und wie oft wird bis zur Anrede geschaltet?

24 Wie müsste der folgende Briefabschluss gegliedert werden?

Mit bester Empfehlung, EUROPA-Druckerei Gebrüder Degen OHG
ppa. Antony, Anlage 1 Informationsmappe

Test-Lösungen nach DIN 5008

 1 Sie hatten unseren Auftrag vom 23. v. M. noch nicht ausgeführt.
 2 Sämtliche Paragraphen sind geändert. Sie erhalten 10 % Nachlass.
 3 Wir rechnen mit einem 25%igen Gewinn. Die Börse erhält 11 o/oo.

 4 Die Rechnung lautet auf 30,40 €. Die Reparatur kostet 19,00 €.
 5 Wir hatten Ihnen wegen der Reparaturen am 20..-11-03 geschrieben.
 6 Können Sie uns diese Geräte bis spätestens 3. April 20.. liefern?

 7 Es wäre günstig, wenn alle stets das Postfach 11 30 50 angäben.
 8 Sie können uns bald unter der Rufnummer 02641 34433 erreichen.
 9 Wird sie die Beträge sofort auf PGK Hmb 2305 04-202 überweisen?

10 Am vergangenen Montag war der Anschluss Tx 31571-0 oft gestört.
11 Die Bankleitzahl 577 513 10 wird in der Rechnung eingedruckt.
12 In der Abrechnung stellte ich einen Fehlbetrag von 0,75 € fest.

13 Wir arbeiten schon seit Jahren mit der Tiefbau-AG gut zusammen.
14 Der Sessel Nr. 27 wird ab 10. Juni d. J. für 585,50 € verkauft.
15 Sollten diese Waren bei Abnahme von 115 kg nur 120.50 $ kosten?

16 Die Strecke Remagen - Bonn-Bad Godesberg - Köln wurde gesperrt.
17 Die Außentemperatur betrug am vorletzten Donnerstag nur +10 °C.
18 Wir haben schon 3- bis 4-mal versucht, Sie in Bonn zu erreichen.

19 Es sind genügend Wanderkarten im Maßstab 1 : 100 000 auf Lager.
20 Wir haben bei Kleinschmidt & Dreyer 5 Gasrohre 3/4" fi bestellt.
21 Unsere Filiale in Königstein (Taunus) wird Sie gerne beliefern.

22 Die Empfängeranschrift beginnt in der 13. Zeile des A4-Brief-
    blattes mit dem Postbeförderungsvermerk bzw. in der 15. Zeile,
    wenn dieser entfällt.

23 Der Betrefftext beginnt in der 24. Zeile des A4-Briefblattes
    und dann wird bis zur Anrede 3-mal geschaltet.

24 Der Briefabschluss muss wie folgt gegliedert werden:
    .
    Mit bester Empfehlung   **Anlage**
    .   1 Informationsmappe
    EUROPA-Druckerei
    Gebrüder Degen OHG
    .
    ppa.
    .
    Antony

Penguin Random House Verlagsgruppe FSC® N001967

ISBN 978-3-8094-3187-9

5. Auflage 2025

© 2013 by Bassermann Verlag, einem Unternehmen der Penguin Random House
Verlagsgruppe GmbH, 81673 München
© der Originalausgabe by Falken Verlag, einem Unternehmen der Penguin Random House
Verlagsgruppe GmbH, 81673 München
produktsicherheit@penguinrandomhouse.de
(Vorstehende Angaben sind zugleich Pflichtinformation nach GPSR)

Umschlaggestaltung: Atelier Versen, Bad Aibling
Zeichnungen: Pia Selbach, Wuppertal; Wolfgang Löbner, Frankfurt (S. 7)
Redaktion: Gabi Neumayer, Köln; Winfried Schindler
Redaktion für diese Ausgabe: Martha Sprenger

Die Ratschläge in diesem Buch sind von der Autorin und vom Verlag sorgfältig erwogen und geprüft,
dennoch kann eine Garantie nicht übernommen werden. Eine Haftung der Autorin bzw. des Verlags
und seiner Beauftragten für Personen-, Sach- und Vermögensschäden ist ausgeschlossen.

Satz: Raasch & Partner GmbH, Dreieich
Druck: PBtisk, a.s., Pribram
Printed in Czech Republic